风景园林理论与实践系列丛书

北京林业大学园林学院　主编

Economic Explanation On Building Energy Saving Institution

建筑节能制度的经济解释

赵　辉　王海燕　著

U0300642

中国建筑工业出版社

图书在版编目（CIP）数据

建筑节能制度的经济解释/赵辉，王海燕著.—北京：中国建筑工业出版社，2016.10
（风景园林理论与实践系列丛书）
ISBN 978-7-112-19657-9

Ⅰ.①建…　Ⅱ.①赵…　②王…　Ⅲ.①建筑—节能—研究　Ⅳ.①TU111.4

中国版本图书馆CIP数据核字（2016）第185011号

责任编辑：杜　洁　兰丽婷
书籍设计：张悟静
责任校对：王宇枢　党　蕾

风景园林理论与实践系列丛书
北京林业大学园林学院　主编

建筑节能制度的经济解释
赵　辉　王海燕　著
*
中国建筑工业出版社出版、发行（北京海淀三里河路9号）
各地新华书店、建筑书店经销
北京锋尚制版有限公司制版
北京云浩印刷有限责任公司印刷
*
开本：880×1230毫米　1/32　印张：3¾　字数：121千字
2017年1月第一版　2017年1月第一次印刷
定价：25.00元
ISBN 978-7-112-19657-9
（29111）

序一
学到广深时，天必奖辛勤
——挚贺风景园林学科博士论文选集出版

人生学无止境，却有成长过程的节点。博士生毕业论文是一个阶段性的重要节点。不仅是毕业与否的问题，而且通过毕业答辩决定是否授予博士学位。而今出版的论文集是博士答辩后的成果，都是专利性的学术成果，实在宝贵，所以首先要对论文作者们和指导博士毕业论文的导师们，以及完成此书的全体工作人员表示诚挚的祝贺和衷心的感谢。前几年我门下的博士毕业生就建议将他们的论文出专集，由于知行合一之难点未突破而只停留在理想阶段。此书则知行合一地付梓出版，值得庆贺。

以往都用"十年寒窗"比喻学生学习艰苦。可是作为博士生，学习时间接近二十年了。小学全面启蒙，中学打下综合的科学基础，大学本科打下专业全面、系统、扎实的基础，攻读硕士学位培养了学科专题科学研究的基础，而博士学位学习是在博大的科学基础上寻求专题精深。我唯恐"博大精深"评价太高，因为尚处于学习的最后阶段，博士后属于工作站的性质。所以我作序的题目是有所抑制的"学到广深时，天必奖辛勤"，就是自然要受到人们的褒奖和深谢他们的辛勤。

"广"是学习的境界，而不仅是数量的统计。1951年汪菊渊、吴良镛两位前辈创立学科时汇集了生物学、观赏园艺学、建筑学和美学多学科的优秀师资对学生进行了综合、全面系统的本科教育。这是可持续的、根本性的"广"，是由风景园林学科特色与生俱来的。就东西方的文化分野和古今的时域而言，基本是东方的、中国的、古代传统的。汪菊渊先生和周维权先生奠定了中国园林史的全面基石。虽也有西方园林史的内容，但缺少亲身体验的机会，因而对西方园林传授相对要弱些。伴随改革开放，我们公派了骨干师资到欧洲攻读博士学位。王向荣教授在德国荣获博士学位，回国工作后带动更多的青年教师留学、进修和考察，这样学科的广度在中西的经纬方面有了很大发展。硕士生增加了欧洲园林的教学实习。西方哲学、建筑学、观赏园艺学、美学和管理学都不同程度地纳入博士毕业论文中。水源的源头多了，水流自然就宽广绵长了。充分发挥中国传统文化包容的特色，化西为中，以中为体，以外为用。中西园林各有千秋。对于学科的认识西比中更广一些，西方园林除一方风水的自然因素外，是由城市规划学发展而来的风景园林学。中国则相对有独立发展的体系，基于导师引进西方园林的推动和影响，博士论文的内容从研究传统名园名景扩展到城规所属城市基础设施的内容，拉近了学科与现代社会生活的距离。诸如《城市规划区绿地系统规划》、《基于绿色基础理论的村镇绿地系统规划研究》、《盐水湿地"生物—生态"景观修复设计》、《基于自然进程的城市水空间整治研究》、《留存乡愁——风景园林的场所策略》、《建筑遗产的环境设计研究》、《现代城市景观基础建设理论与实践》、《从风景园到园林城市》、《乡村景观在风景园林规划与设计中的意义》、《城市公园绿地用水的可持续发展设计理论与方法》、《城市边缘区绿地空间的景观生态规划设计》、《森林资源评估在中国传统木结构建筑修复中的应用》等。从广度言，显然从园林扩展到园林城市乃至大地景物。唯一不足是论题文字烦琐，没有言简意赅地表达。

学问广是深的基础，但广不直接等于深。以上论文的深度表现在历史文献的收集和研究、理出研究内容和方法的逻辑性框架、论述中西历史经验、归纳现时我国的现状成就与不足、提出解决实际问题的策略和途径。鉴于学科是研究空间环境形象的，所以都以图纸和照片印证观点，使人得到从立意构思到通过意匠创造出生动的形象。这是有所创造的，应充分肯定。城市绿地系统规划深入到城市间空白中间层次规划，即从城市发展到城市群去策划绿地。而且从城市扩展到村镇绿地系统规划。进一步而言，研究城乡各类型土地资源的利用和改造。含城市水空间、盐水湿地、建筑遗产的环境、城市基础设施用地、乡村景观等。广中有深，深中有广。学到广深时是数十年学科教育的积淀，是几代师生员工共铸的成果。

反映传承和创新中国风景园林传统文化艺术内容的博士论文诸如《景以境出，因借体宜——风景园林规划设计精髓》是吸收、消化后用学生自己的语言总结的传统理论。通过说文解字深探词义、归纳手法、调查研究和投入社会设计实践来探讨这一精髓。《乡村景观在风景园林规划与设计中的意义》从山水画、古园中的乡村景观并结合绍兴水渠滨水绿地等作了中西合璧的研究。《基于自然进程的城市水空间研究》把道法自然落实到自然适应论、自然生态与城市建设、水域自然化，从而得出流域与城市水系结构、水的自然循环和湖泊自然演化诸多的、有所创新的论证。《江南古典园林植物景观地域性特色研究》发挥了从观赏园艺学研究园林设计学的优势。从史出论，别开蹊径，挖掘魏晋建康植物景观格局图、南宋临安皇家园林中之梅堂、元代南村别墅、明清八景文化中与论题相符的内容和"松下焚香、竹间拨阮"、"春涨流江"等文化内容。一些似曾相见又不曾相见的史实。

为本书写序对我是很好的学习。以往我都局限于指导自己的博士生，而这套书现收集的文章是其他导师指导的论文。不了解就没有发言权，评价文章难在掌握分寸，也就是"度"、火候。艺术最难是火候，希望在这方面得到大家的帮助。致力于本书的人已圆满地完成了任务，希望得到广大读者的支持。广无边、深无崖，敬希不吝批评指正，是所至盼。

孟兆祯

2015 年 1 月

序二

赵辉博士的论文《建筑节能制度的经济解释》即将出版。与几年前答辩时的博士论文《建筑节能制度的经济分析》相比，论文增添了不少新的数据资料，不光在章节篇幅上作了调整，在内容上也作了很大的修改与充实。修改后的论文不仅内容丰富，而且对建筑节能中产生的许多实际问题的分析解释更加透彻明确，至少对建筑节能中的一些难点、热点问题提供了一种解释思路，可见作者在取得博士学位后并未故步自封，依旧在学术上勤奋耕耘。

建筑节能是国家能源政策的重要组成部分。它涉及一个国家的社会、经济和环境发展，更是建筑业发展的重大主题。建筑节能不是一个单纯的技术问题，而是一个复杂的社会问题。它包含着法规体制、文化习俗、经济环境等各个层面的问题。在建筑节能的研究上，我国对技术问题的研究比较充分，进步很快。对制度法规和经济层面问题的研究相对薄弱欠缺。这种现状使我们对建筑节能推进过程中产生的许多实际问题，不光有认识上的偏差，更缺少行之有效的解决办法。例如我们对建筑节能中一些技术措施所采用的技术经济分析仍停留在会计学的历史成本分析上，而不是经济学的机会成本分析。这使得从会计学的成本分析来看是有利可图的技术措施却不能为市场所接受，无法推广。再如在建筑节能的标准和规范的制定研究中，由于从不考虑经济学上的交易费用（包括信息费用、量度费用、监管费用、执行费用等），使得许多标准与规范的制定容易而执行困难，失去了意义。

《建筑节能制度的经济解释》这篇论文，着力于建筑节能制度与经济层面问题的研究。在经济学理论研究的基础上，从经济学的视角分析并解释了建筑节能发展中的许多理论与实际问题。如建筑节能与能源价格机制的矛盾；建筑节能的制度安排与实际能耗的关系；建筑节能的社会和环境成本问题；二氧化碳排放的社会成本问题；建筑节能的激励政策与价格准则问题；建筑节能的设计收费与建造成本问题；供热采暖收费的制度安排及体制改革问题等等，这些问题中大多是因建筑节能制度引发出的热点问题。国内对这些问题的研究较多的是放在技术层面的解决或是政策措施的调整上，而这篇论文用经济学理论来研究解释这些问题，它着重在解释这些问题产生的原因，制度的适用条件，以及转变这种制度的方向、条件和路径。这种研究与解释不仅使人对问题产生的原因有清醒的认识，而且还能从中寻找改进或使之转变的方法。这是一种实证科学的研究方法，因而论文对这些问题的分析以及所阐释的观点，除了要经受理论的逻辑推理外，更要经受事实的客观验证。

建筑节能在我国有巨大的市场潜力，但国内的现状是计划经济时代遗留下的许多制度安排仍在发挥重大作用，因而建筑节能还不能完全被市场接受和认同。三十年来，尽管我国建筑节能事业有很大进步，但建筑节能市场发展却相对迟缓，这在很大程度上阻碍着建筑节能事业的发展。这篇论文直面我国的现实，对建筑节能制度上的研究不作价值评判，不比较节能制度的优劣高下，而是着重研究为什么会采用这样的制度，采用这种制度的条件是什么，可以在什么条件下转变。这种用经济学理论研究建筑节能的方法，更能结合我国实际条件寻找改进的措施和方法，避免了不顾适用条件盲目照搬照抄国外制度的弊端。

建筑节能事业处在不断的发展变化中，新的问题将会不断出现。目前我国正在试点兴建的德国"被动房建筑"是一种近零能耗建筑，它的出现和发展有可能把建筑节能推向新的高度。国内对近零能耗的关注现在集中在技术解决上，但是要推广这种建筑必须解决制度和经济层面的问题。这篇论文依据经济学理论对建筑节能制度进行研究的方法，以及论文所提出的研究与分析问题的思路，对我们研究建筑节能发展中产生的新问题，可以作为一种有效的借鉴。

这篇论文中没有晦涩难懂、似是而非的"学术"名词，语言简练生动而不失学术论文的深度。可能是受时间和篇幅所限，论文对建筑节能中的有些问题虽作了分析交代，但论述略显单薄，颇有点到即止的感觉。论文对建筑制度层面大量的实际问题都作了经济解释，但这些解释还只是论文作者的"一家之言"，也未必能为大家都接受，有些观点还有待学者们的批评指正与争论。但在有关建筑节能的浩瀚研究中，这篇论文仍不失为一篇闪烁着智慧与理性之光的学术论文。

作为曾经的导师，重读赵辉博士修改过的论文，在感受到一个建筑学背景的学子跨入新制度经济学领域研究的艰辛和努力的同时，也深切希望有幸从事学术研究的青年学者能不断扩展研究的视野和深度，把科学研究的水平和成果不断推向新高度。

于清华蓝旗营
2016 年 6 月 26 日

前　言

　　所谓建筑节能问题，追根溯源是资源配置问题——燃煤的环境污染严重、燃气的供给严重不足、各种新型高效清洁能源无法利用等，与收入分配问题——一些供热企业举步维艰、地方政府对供热企业的巨额补贴、工商业建筑与居住建筑的采暖费用交叉补贴、节能建筑与普通建筑的交叉补贴等。建筑节能设计、施工、运行的监管，建筑能源价格的准则，建筑用能收费的方式，建筑节能的补贴激励等政策法规与标准规范是建筑节能的制度安排，界定各方的权利与责任，影响节能的成本与收益，决定建筑节能事业的发展。

　　当前建筑节能制度研究是以目的为导向的，重视的是怎么办的问题，例如认为分户计量优于面积热价，补贴激励有利于建筑节能。问题是不同的制度安排有不同的交易费用，分户计量的量度、算价、收费等成本远高于面积热价，不能只考虑分户计量的收益而忽视了成本；达到同样的节能量，补贴激励的申请、审核、监管等费用远高于能源价格反应环境成本的价格准则。

　　建筑节能制度研究的重点是为什么的问题，是以经济学理论解释制度安排的适用条件与制度演变的交易费用转变，只有知道为什么，才能知道怎么办。为什么会有建筑能源价格管制？为什么要建立供热价格市场机制？为什么有面积热价与分户计量？在何种情况下面积热价向分户计量转变？

　　经济学是一门研究人的选择行为的科学，以之解释建筑节能制度有如下要点：

　　首先，从约束条件看建筑节能的发展。有人认为建筑节能可以缓解能源供需矛盾、减少二氧化碳排放与 $PM_{2.5}$ 浓度，问题是建筑节能是有代价的，如何证明以其他资源的消耗换取能源的节省是值得的？本书调查了 1955 年至 2010 年煤与钢的相对价格比，结果显示 55 年间煤与钢的相对价格提高了 5 倍，消耗更多的钢材来换取煤的节省是经济的。

　　其次，经济学概念要准确。经济学中的成本是指机会成本，建筑节能投资回收期等经济分析计算的是现金流动，是会计学中的历史成本，解释人的建筑节能行为要用经济学的机会成本。概念错，解释不可能对。有人认为集中供热的管道公有，是公共物品（public goods），应由政府进行面积热价管制，实际上经济学的公共物品是指共用品，不是公有品，是指共同使用，不是公共拥有。

　　第三，用事实验证理论。当前建筑节能制度研究不注重理论的验证，例如建筑节能经济激励的基础是外部性理论，1960 年代兴起的新制度经济学的贡献之一是推翻了外部性理论，以事实验证了外部性理论的谬误。本书的主要内容以经济学理论解释建筑节能的现象，并用事实加以验证，例如以交易费用理论解释三种供热收费安排的适用条件，指出两部制热价的谬误，以价格管制理论解释面积热价管制的租值消散，并用事实加以检验。

目 录

第 1 章

经济学视角下的建筑节能现象

1.1   从经济学角度看建筑节能的现象

经济学基于理性人假设，即人都是自私的，在约束条件❶下追求利益最大化。从经济学视角看建筑节能现象，是把重点放在约束条件的调查上。找到了主要的约束条件，建筑节能现象就被解释了，如果约束条件有变化，相关的选择行为也跟着转变。

1.1.1   建筑节能的约束条件

有段时间我国建筑界争论应采用何种技术路线实现建筑节能的发展：是采用欧美发达国家的高技术，还是发展中国家的低技术？结论是我国不能采用发达国家的高技术，也不能片面强调低技术，而要采用适合我国国情的"适宜技术"。把技术路线分为高、中、低来自技术专业的视角，经济学并不这么看。从约束条件来看，无论发达国家还是发展中国家，所采用的一定都是适宜技术，原因是无论任何国家与地区，在做技术路线的选择时，当然要考虑各自的约束条件。

例如，德国能源紧缺，室内采暖温度高（普遍高于20℃），采暖期长（与北京同纬度的地区采暖期长达半年以上），在这样的约束条件下，降低外墙的传热系数，增加外墙保温厚度是经济合理的选择。我国同纬度地区外墙保温性能不如德国，不是因为德国的技术水平高，而是我国的采暖温度较低（一般规定不低于18℃），采暖期也较短（北京的采暖期为四个月）。衡量保温厚度的边际成本与节能保温的边际收益，最优的保温层厚度就确定下来了。因此，考虑各自面临的约束条件，德国和我国的外墙保温性能都是适宜技术。中东地区石油储量丰富，但缺少淡水，消耗大量电力淡化海水就是经济合理的选择，虽然淡化海水算是成本昂贵的高技术，但对中东地区来说就是适宜技术。撇除约束条件，仅仅就技术论技术，才有所谓技术的高、中、低之分。

《建筑学报》杂志曾出过一期专刊，探讨建筑设计中的"经济、适用、美观"三原则，大部分的文章将经济原则等同于减少现金成本，少花钱多办事，认为高档豪华的建筑是"不经济"的，"经济适用"的房子才是好的——这是会计学的概念，不是经济学的概念。北京金融街的高档公寓和天通苑的经济适用房相比，建筑质量和装修标准都非常奢华，以传统的建筑学经济原则来看，高档公寓不如经济适用房"经济"，高档公寓需要批判，经济适用房值得赞扬——这是建筑学者的价值观，对解释世事没有帮助——不经济为何有人建造？为何有人购买？这些人难道都是"冤大头"？从房产的升值幅度看，金融街的高档公寓也要高于天通苑的经济适用房，难道社会的价值观都扭曲了？

将技术分为高、中、低，是就技术而论技术；将建筑分为奢华与朴素，是就"经济"而论经济，二者都忽视了约束条件的差异。金融街的楼面地价远高于天通苑，地价提升必然带来房屋质量的提升，这是普遍的经济规律，道理与淘宝购物相同——买化妆品，国内购运费10元，选"大宝"足以；海外购运费100元，没人会选"大宝"这个标准的，一定要提升质量，选"香奈儿"这个层面的才能对得起运费。既然运费提升导致商品质量提升，那么地价提升也会导致房屋质量提升，这都是个人在约束条件下利益极大化的选择，都是经济的，有什么值得批判的呢？建筑学者的"经济观"才是值得批判的！

建筑节能的成本可能是金钱支出等可以量度的费用，也可能是舒适度下降等不易量度的代价，是否值得付出在不同的约束条件下结论大有不同，很有研究的价值和趣味。例如，美国人从不在院子里或阳台上晾晒衣物，都是用烘干机烘干，而我国则是自然晾晒衣物，美国的人均住宅能耗除采暖外约为我国城镇人均住宅能耗的8倍❶，烘干机电耗是其中的主要原因之一。自然晾晒衣物的能耗为零，美国人为何非用烘干机烘干衣物？难道美国人生活奢侈？原因是美国的法律认为室外晾晒衣物，影响邻居的视觉舒适，影响住区的外观整洁。有位中国移民不清楚相关规定，在室外晾晒衣物被邻居举报，立马收到50美元的罚款。

忽视约束条件的影响，会带来啼笑皆非的结论。某小学语文作文竞赛，命题者要求用下面的两段话作为文章的开头和结尾，自拟题目，补充中间段落。

小鹰对小麻雀说："咱们一起锻炼，以后飞到云彩上边看一看吧！"小麻雀一个劲地摇头："别做梦了，云彩太高了，我还是在院子里找点饭粒吃吧。"

……

一年后，小鹰在云端自由地飞翔，而小麻雀还在找饭粒吃呢。

显然，命题来自于《史记·陈涉世家》中的"燕雀安知鸿鹄之志"的典故，是说平凡的人哪里知道英雄人物的志向。可是仔细想一想，小麻雀能像小鹰一样翱翔在蓝天吗？先不说小

❶ 清华大学建筑节能研究中心，《中国建筑节能年度发展研究报告2012》，第80页。

麻雀短小的翅膀、肥胖的身子，无法和翼展三四米的强壮的小鹰相提并论，即使忽略小麻雀的自身条件和地球引力，假设它真的能飞得那么高，那也违反了自然的规律啊！试想一下，飞翔在高空的小麻雀，还来不及志存高远，就已经被它的天敌小鹰瞄上了。退一步讲，就算像故事里说的，小麻雀和小鹰是好朋友，小鹰不以小麻雀为食，小麻雀也会因在高空飞翔这种愚蠢的行为而导致饿死的——小麻雀的食物是草籽、饭粒或小昆虫，这些东西的体积很小，飞在高空是完全是看不到它们的。而小鹰的食物是兔子、蛇、小鸟等体积较大的动物，必须在高空才能发现和追捕它们。

对事物和现象的认识不能只停留在孰优孰劣的单纯比较上，从文学修辞的角度来看，可以用鸿鹄来比喻英雄的志向，用燕雀来形容芸芸众生；但若从客观事实的角度来看，小麻雀在院子里蹦跳，小鹰在云端飞翔，都是为了捕捉食物，都是各自约束条件下的行为，同样是为了生存，为何鸿鹄的志向高于燕雀呢？

1.1.2　建筑节能的经济问题

经济学里的约束条件是指财富、知识、价格、成本、产权、竞争、边际产量下降、交易费用等，人的行为是在约束条件下的选择，没有不受约束的自由。就是说，解释现象的要点是约束条件的调查。为什么要建筑节能？以经济学来看，在何种约束条件下人们会选择节能建筑？

建筑节能可以降低能耗、减少支出，一些数据研究表明，居住建筑节能的经济投入可以在5～10年内回收，而住宅的设计使用年限为50～70年，但为何在某些地区、某些时期节能建筑并不受市场欢迎？即使新建居住建筑大体达到了节能设计标准的要求，但既有居住建筑节能改造进展缓慢，是什么约束条件造成的？

按面积收费会导致用户开窗散热等浪费热量的行为，但是为何经过多年的供热收费改革，面积热价仍占很大的比重？不同的供热收费安排对应不同的建筑节能设计标准，是供热收费安排决定建筑节能设计标准，还是节能设计标准决定收费安排？

为何我国的建筑节能实行政府的全过程监管，包括设计图纸的节能审查、施工与验收过程的节能监管，一些西方发达国家例如德国却是政府制定建筑节能设计标准，建造方和用户对设计标准进行市场监管？

既然地价会导致房屋质量的提升，而节能性能也是房屋质量之一，那么地价攀升也会导致建筑节能率的提升。2004年前后建设部加强了建筑节能的监管，新建建筑采用建筑节能设计标准的执行率大幅提升，尤其是北京、天津等大城市的新建建筑节能设计标准的执行率近于100%。但是，此时也是大城市楼面地价大幅攀升的时期，建筑节能性能的提升是建设部的监管作用还是市场的经济规律使然？

1.1.3　从相对价格看建筑节能的原因

建筑节能是有成本的，天下没有免费午餐。例如外墙保温通过增加保温层厚度来节能，是以保温材料增加换取能源的节省；热回收装置通过换热器回收热量，是以金属材料的消耗换取能源的节省；集中供热采用大流量小温差的运行方式，可以避免小流量大温差的供热不均，是以增加循环水水泵电量和暖气管道材料消耗换取热能的节省。节能灯、太阳能热水器、各种热泵等节能技术，是以材料、技术、管理等的投入来换取能源的节省。即使是行为节能，像随手关灯这样简单的行为，其执行也是需要付出时间成本。

建筑节能是热门话题，但是为什么"要建筑节能"不见得有很强的说服力。以环保生态的价值观来解释，容易沦为道德说教；以节能的投资回报率来宣传，无法解释大量"节能建筑"不节能甚至浪费能源的现象；以缓解能源供需矛盾、减少二氧化碳排放与$PM_{2.5}$浓度来解释似乎最有说服力，但是建筑节能一定会以其他资源的付出为代价，例如增加了材料的消耗，影响了地方的经济发展，放弃了体感与视觉上的舒适度等。任何资源都是稀缺的，都是值得争取的，如何令人信服地证明增加其他资源消耗，换取能源的节省是经济划算的？

最有说服力的证据之一来自图1-1。以炼焦用洗精煤9级主焦作为煤炭的代表，以Φ18螺纹钢作为钢材的代表，选择这两种材料作为代表是因为其质量确定，并一直被使用，能够获得长期的价格数据。用同一年的螺纹钢与烟煤的价格比，就相当于物物交换的比率，也就是1吨螺纹钢可以换多少吨烟煤，此结果可以去除通货膨胀和价格波动的影响。

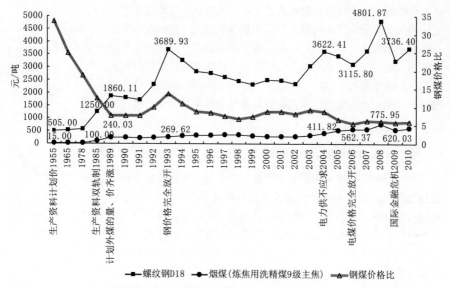

图1-1 1955～2010年螺纹钢和烟煤的价格变化

注：1955年钢材和煤炭的数据来自：中华人民共和国国家建设委员会编，建筑材料、设备及运输价格表（第一卷 建筑材料价格），北京：基本建设出版社，1956年，312页，"螺纹钢（16～18mm）的工厂仓库交货价格"；697页，"选中块煤（大同矿）的出厂价格"。

1978年钢材数据来自：福建省基本建设委员会等编，福建省安装工程材料预算价格，1979年，1页，螺纹钢（16～18mm）的出厂价为565元，预标价格628元；428页，烟煤（块煤）的出厂价为56.90元，预标价格为60.92元，烟煤（粉煤）的价格为43.1元，46.39元。

1978年煤炭数据来自：刘贯文等主编，中国煤炭价格，北京：中国计划出版社，1990年，318页，"1979年煤炭第三次调价前后价格与成本对比表"，其中煤炭平均售价为25.19元/吨，原煤售价为20.98元/吨，炼焦烟煤的价格按$25.19^2/20.98=30.24$元/吨计算。

1965年钢材数据按插值法计算。煤炭数据来自：刘贯文等主编，中国煤炭价格，北京：中国计划出版社，1990年，305页，"1965年煤炭第二次调价前后价格与成本对比表"，其中煤炭平均售价为19.32元/吨，原煤售价为17.34元/吨，炼焦烟煤的价格按$19.32^2/17.34=21.53$元/吨计算。

1985年钢材数据来自：1985年12月31日冶金工业部、国家物价局颁布的"冶金字第1416号文件"发出的《关于按新标准制定部分优质钢材价格的通知》，其中合金结构钢中的冷拉材，直径18～24mm的原出厂价为1180元/吨，改为1250元/吨。

1985年煤炭数据来自：初谈煤炭供求趋势，杨永仁、杜振标，煤炭经济研究，1986年06期，"江、浙一带议价煤已由每吨120～130元下降到100元左右"。

1989～1998年钢材和煤炭数据来自：中国物价统计年鉴（1990年、1992～1994年、1996年、1997年、1999年），国家统计局城市社会经济调查总队编，北京：中国统计出版社，"主要工业品出厂价格表"。1991年、1994年、1997年的数据通过插值法计算。

1999～2008年钢材和煤炭数据来自：中国物价统计年鉴（2000～2009），国家统计局城市社会经济调查总队编，北京：中国统计出版社。"主要商品的市场监测价格调查表"

2009～2010年钢材和煤炭数据来自：国家统计局网站的"统计数据"—"专题统计数据"—"主要工业品出厂价格"（http://www.stats.gov.cn/tjsj/qtsj/zygypccjg/index.htm）中普通小型钢材的螺纹钢和炼焦烟煤的1～12月份出厂价格的平均值。

　　1955年实行的是生产资料计划价，炼钢技术落后、成本高、价格贵，煤炭则刚开始开采，易于挖掘、成本低廉，钢煤价格比达到了33.67∶1。此后，一直实行计划经济，钢材和煤炭价格变化不大。由于煤炭价格长期低廉，建筑节能不受重视，例如，为了节省钢材，采暖管道管径都很小，采用小流量大温差的运行方式，这种运行方式容易造成供热系统的冷热不均，导致热量浪费，但是节省管道材料，即以煤炭的消耗换取了钢材的节省。类似的实例还有哈尔滨长期采用49cm厚的外墙，与大连相同，而哈尔滨是严寒地区，大连是寒冷地区，若按照热工计算，哈尔滨应采用62cm厚的外墙。

　　直到1978年，改革开放，钢煤价格比为24.85∶1。1985年，实行生产资料双轨制，即计划价与市场价并存，以计划价为主，价格比为18.68∶1，这也是建筑节能开始受到重视的时期，随即1986年政府出台了建筑节能设计标准。到了1989年，国家放开了计划外煤炭的数量与价格，导致煤炭的量价齐飞，钢煤价格比发生突变，一下变为7.75∶1，约为1955年的1/5。

　　1993年，钢材价格完全放开，钢煤价格比有所回升，为13.69∶1。此后十年，钢煤价格比大致维持在8∶1～10∶1。在此阶段，政府对建筑节能的监管比较宽松，建筑节能设计标准的执行率不容乐观。

　　2004年，全国出现了大面积的拉闸限电情况，电力供应不足，煤炭供应紧张，价格飞涨，到2005年，钢煤价格比一下跌到6.54∶1。此时政府开始注重建筑节能，新建建筑节能设计标准的执行率达到90%以上，一些经济发达地区，节能设计标准超过了国家标准。直到2010年，钢煤价格比一直在6∶1左右徘徊。

　　由此可见，2010年钢煤价格比（6.03∶1）仅为1955年（33.67∶1）的18%，不到1955年的1/5。在1955年，1吨钢可以换33.67t煤，到了2010年，1t钢只能换6.03t煤。相比于钢，煤变得更为稀缺，消耗更多的钢，换取煤的节省是划算的。有意思的是，钢煤价格比的突变，无论是1989年的计划外煤的量价齐飞（意味着煤炭真实价格的大幅上涨），还是2005年因2004年电力供应不足、煤炭需求大增导致的煤炭价格飞涨，都与政府对建筑节能监管力度大幅提升的时间节点吻合。

1.2 从经济学角度看建筑节能的主要矛盾

1.2.1 能源价格机制与建筑节能的矛盾

我国建筑节能的发展有自身的特点，面临的约束条件与西方国家大不相同。西方的能源危机主要是石油资源的问题，我国的主要建筑能源是煤炭和电力（电力也主要以火电为主），煤炭与电力的价格影响建筑节能的发展。

经过了长期的改革，煤炭的开采和发电打破了政府垄断，形成了市场竞争的局面（但仍有市场准入等管制措施），国家逐步放开了煤炭和发电端的价格管制。但是，终端电价仍由政府管制，无法完全反映脱硫除尘等环境治理的成本，电价偏低导致建筑用能的社会成本问题。同时，电价管制也导致缺少灵活性，虽然实行分时定价等政策，但是峰谷电价差不够，一些建筑节能措施缺少经济回报。电力供不应求时，虽然价格上有所反映，但是反映力度远远不够，电力照样还是供不应求；电力过剩时，价格也没有降够，电力照样卖不出去。若终端用户电价不能根据市场而调整，供需矛盾无法通过市场的价格准则而调整，那么必然要采用其他办法，加强建筑节能监管就是办法之一。

我国建筑节能发展的一个显著规律是，建筑节能监管力度与建筑能源供需矛盾密切相关。建筑节能从20世纪80年代开始，但政府建筑节能工作的力度不大，甚至有越来越忽视建筑节能的趋势。进入2002年以来，我国经济高速发展，摆脱了20世纪90年代中期通货紧缩中的房地产低迷阶段，房地产市场快速发展，交易明显升温，加上制造业能源需求持续上涨，能源供需矛盾迅速凸显。2004年前后，政府建筑节能工作的力度开始大幅提升，新建居住建筑节能设计标准的执行率大幅提高，对既有公共建筑也加强监管，例如公共建筑夏季空调设定温度不得低于26℃。

但是，供热收费的面积热价管制却打击了建筑节能的积极性。居住建筑供热收费采用统一的面积热价，节能建筑与普通建筑按同样标准缴费，直接影响了新建节能建筑的投资回报，极大地限制了既有建筑的节能改造。分户计量改革虽然将用能量与实际缴费挂钩，但量度、算价、收费等交易费用的大幅攀升使得节能的收益相形见绌，分户计量改革举步维艰。

1.2.2 节能市场巨大与发展缓慢的矛盾

2006年2月17日当时的住房和城乡建设部副部长仇保兴在国务

院新闻办举行的新闻发布会上说："目前我国有400亿m²既有的建筑，估计至少有1/3、约130多亿m²需要进行节能改造，按每平方米改造费用为200元算，仅既有建筑的节能改造就有高达2.6万亿元的大市场。"

但是，我国的建筑节能市场发展缓慢。比如公共建筑，尤其是商业建筑的节能潜力巨大，不少投资者看中了这个市场的巨大潜力，已有一些建筑节能服务公司开始运营。但是，从近几年的发展来看，真正通过市场建成的建筑节能改造项目较少，大多数是政府和一些研究机构出资进行的节能改造。居住建筑尤其是既有居住建筑节能改造，其市场的建立就显得更加困难重重。

一是建筑节能改造资金的融资渠道困难。就商业建筑的节能改造来说，资金需求量小，节能改造的收益有很大的不确定性，资金的回报率还没有得到市场的认同，因此，国有银行和商业银行都不愿为建筑节能改造提供小额贷款。居住建筑的节能改造资金筹集就更为复杂，我国20世纪90年代开始实行住宅私有化改革，由原事业、国有企业的单位福利分房向个人住房产权过度，但住房节能改造资金在原产权单位和个人之间如何分配一直没有定论。计划经济时代经济效益好的单位，例如五金、粮油等部门，盖的职工住宅较多，而在市场经济改革的过程中，这些单位普遍效益下滑，甚至倒闭，其职工的收入也大幅降低甚至失业，住宅节能改造的资金来源难免捉襟见肘。

二是建筑节能改造的收益不明显。公共建筑节能改造有很大的潜力，但同时也有很大的不确定性，这主要在于能源系统的选用与运行效率。一个明显的例子是冰蓄冷技术在电力波峰波谷价格差不够大的情况下，回报率会大幅下降甚至是负值。运行效率与管理水平密切相关，而提高管理需要技术和人力的投入，在建筑用能价格偏低的情况下，加强管理并不一定带来较高的收益。居住建筑节能的主要措施是外墙聚苯板保温，节能65%的建筑比普通建筑增加的直接成本约为200元/m²，但是按统一的面积热价收费，节能改造后采暖费用并不会降低。

1.2.3　建筑节能相关主体的利益冲突

建筑节能涉及开发商、建筑师、建造企业、业主、供热公司、电网和热力网企业、政府管理者等多方面主体，在建筑节能的过程中，往往存在利益冲突。

开发商担心建筑节能增加的成本会影响房屋销售。在收入较高地区，例如北京城区住宅每平方米售价早已超过万元，建筑节能的成本微不足道，提高建筑节能的标准往往意味着更舒适的室内环境，其投入的成本较容易为消费者所接受。在地价昂贵的地区，提高建筑节能标准符合市场的经济规律。但是，对于经济欠发达地区，住宅售价每平方米只有几千元，建筑节能成本占售价的比例增加，会影响消费者的选择。而且对开发商来说，建筑节能的成本不仅是材料的投入，还包括搜索建筑节能技术的信息成本，以及采用新技术所面临的风险。例如前些年北方地区外保温墙面在使用几年后出现外表面大面积脱落、外墙内表面潮湿发霉的现象，这是由于外墙外保温技术还未成熟，在构造措施和施工经验上不足而导致的。

建筑师的节能设计得不到回报。实际上，建筑设计尤其是公共建筑设计，其功能空间的组织，围护结构的采光、通风等构造措施可以提高建筑被动式能源利用的效率，用能系统的优化可以大幅降低主动式能源利用的消耗，但是就目前来讲，建筑师很难从复杂的节能设计中得到直接的经济回报。国内一些项目设计周期很短，节能设计无法详细推敲，只能采用标准化的做法，并不是最优节能设计的方案，仅仅达到了规定的最低标准。

从城市和区域的能源系统来看，电力公司、热力公司、天然气公司等建筑能源供应方的利益在于能源供应系统的扩容，而不是缩减。当缺少合理的能源系统规划时，可能会造成资源和投资的重复性浪费，能源供应方倾向于有形的供热系统扩容，而不是能源系统效率的提高。由于我国热力网和电网的管理体制，分散的热电联产和可再生能源利用技术很难得到应用。热电联产的电力与热力产出与实际需求不一致时，有必要将多余的电力或热力并入城市管网，但是目前入网存在问题。

1.3 从经济学角度看建筑节能的制度安排

1.3.1 行为模式与用能系统

建筑的实际能耗与人的行为模式和建筑的用能系统密切相关，人的行为模式不仅影响建筑用能系统的形式，用能系统形式也影响人的行为模式，行为模式与用能系统是相互影响的，正如英国前首相温斯顿·丘吉尔（Winston Churchill，1874～1965年）的名言——"我们塑造了自己的房屋，而房屋又塑造了我们"。

例如，居住建筑夏季室内空调温度调控中，人的行为模式可分为仅在活动房间使用时开空调的"部分时间、部分空间"调控方式，和在所有房间一直开空调的"全时间、全空间"调控方式。在"部分时间、部分空间"调控的行为模式下，安装分体空调是合理的选择，在需要调控的房间里安装，在需要调控的时间段使用——例如白天主要在起居室活动，那么只需要运行起居室里的空调，夜里在卧室休息，就可以关掉起居室的空调，只开启卧室的空调。如此不仅减少空调设备的购买成本，仅在需要的房间装空调，一些不常使用的房间可以不装，而且运行费用较低，因为可以随时关掉那些不使用房间里的空调。

在"全时间、全空间"调控的行为模式下，中央空调是最有效的方式，可以全天所有时段、所有空间来调控室内环境。不过设备的购买成本高，运行成本也高，当然室内环境舒适度也高。需要指出的是，一旦安装中央空调，会促使人们形成"全时间、全空间"调控的行为模式，因为集中空调系统的设计工况就是"全时间、全空间"，若转为"部分时间、部分空间"运行，系统效率会大幅降低，能耗不见得节省多少，室内舒适度却会下降很多，得不偿失。同理，在"部分时间、部分空间"调控的行为模式下，分体空调是最有效的方式，即系统效率高。正如不能在"部分时间、部分空间"调控下比较分体空调与中央空调的效率，也不能在"全时间、全空间"工况下比较二者的效率，原因是行为模式决定了用能系统的选择。

行为模式也决定了能源系统的实际用能量，高能效空调的实际能耗并不见得低。例如住宅选低能效空调的机会大，宾馆选高能效的空调可能性高，原因是使用时间的差异。住宅里的空调运行时间短，有人时开，没人时关，需要时开，不需要时关，空调开启时间短，倾向于买便宜些的低能效空调。宾馆里的空调运行时间长，只要有人入住，会一直开着，空调电费是算到房价里的，不管顾客用多少电，每天的房价都是固定的，顾客会倾向于多开空调，空调开启时间长，倾向于买贵一些的高能效空调。由于住宅低能效空调的开启时间短，其实际能耗很可能远低于宾馆高能效空调。

能源系统也影响人的行为模式。近几年大力开展"节能家电下乡"的活动，对农村用户购买节能产品提供一定的补贴，希望用先进的节能灯替换农村地区普遍使用的白炽灯，希望通过提高灯具的发光效率来降低能耗，灯具的电耗真能降下来吗？实际电耗是否下降很难说，原因是灯具效率提升会导致开灯时间变长。白炽灯能效低、电费贵，开灯的成本高，需求量下降，开灯的时间短。换成了节能灯，能效大幅提升，更省电费，开灯的成本降低，需求量增加，开灯的时间长，实际用电量是减少还是增加就很难说了。

汽车安全带能对驾驶人提供一定的保护是被碰撞试验所验证的，那么实际的效果是否显示安全带能保障驾驶人在车祸中的安全呢？有学者为此做了大规模的统计调查，结果显示，安全带可以减少驾驶员在轻微交通事故中受到的伤害，但是却增加了重大交通事故的发生比例，造成了驾驶员和第三方的死亡或严重伤害。这是因为与未安装安全带的汽车驾驶员相比，安装了安全带的驾驶员因为自身安全有了保障，倾向于开快车，警惕性下降，从而更容易发生重大的交通事故。安全带影响人的驾驶模式，却不见得带来安全的结果。

1.3.2　建筑节能的评价准则

制度是为了保障某种准则而制定的一系列规章和行为规范。建筑节能制度的本质是确立一种节能准则，并以一系列相关规章制度保障准则的实施。不同的节能准则会导致不同的行为模式与用能系统，从而导致不同的实际能耗。采用"从实际能耗数据出发"的准则鼓励降低实际能耗，会带来实际能耗的节省；"比较能源利用效率"准则鼓励提高系统效率，却可能导致实际能耗不减反增。

北京某国际公寓曾获得各类建筑节能奖励，其室内环境调控是"全时间、全空间"的方式，为了与"部分时间、部分空间"的调控方式作用能效率的对比，就把"部分时间、部分空间"下用能系统的能耗量，按照"全空间、全时间"的时间和面积进行了叠加，以此得出其用能效率更高的结论。❶用能效率的对比一定是基于调控方式不变，不同的调控方式其用能系统完全不同，因为其设计工况不同、运行方式不同、适应情况也不同。不能把分体空调的能耗按24h累加，然后又假定所有房间同时开启，得到分体空调在"全时间、全空间"情况下的能耗，因为既然选择安装分体空调，一定是因为要在"部分时间、部分空间"下来调控，否则就安装中央空调了。

北京普通家庭广泛采用的分体空调，仅是"部分时间、部分空间"运行，夏季一户家庭空调开启的累计时间一般不过一百多小时。美国普通家庭一般采用的是"全时间、全空间"运行的集中空调，全年运行时间很容易就达到几千小时，实际能耗谁高谁

❶　清华大学建筑节能研究中心，《中国建筑节能年度发展报告2009》，第130~131页。

低一看而知，完全不是一个数量级。

经济学是一门研究人的选择行为的科学。如何鼓励人们选择"部分时间、部分空间"的调控方式，摒弃"全时间、全空间"的调控方式，是一个有趣的经济学问题。

1.3.3　制度安排与实际能耗

虽然改变行为模式或用能系统某一项，实际能耗未见得一定下降，但是，建筑节能的制度安排同时影响行为模式与用能系统，从而带来实际能耗的节省。建筑节能设计、施工、运行的监管，建筑能源价格的准则，建筑用能收费的方式，建筑节能的补贴激励等，都属于建筑节能的制度安排，是制度经济学研究的范畴。

统一的面积热价，不考虑建筑围护结构热工性能的差异，显然无法让开发商和用户关心实际能耗；分户计量收费，却导致量度、计价、收费等交易费用的增加。应如何设定供热收费安排的准则，既让建筑围护结构热工性能与实际能耗挂钩，鼓励节能建筑的发展，又能降低收费难度，减少交易费用，是建筑节能制度安排研究的主要目的。

建筑节能涉及设计、建造和使用过程，牵扯不同的利益主体。开发商关心的是开发成本，并不关心生产、运输、建造、使用阶段的能耗；建造商关心的是施工成本，并不关心使用阶段的能耗；用户关心的是室内舒适度，不一定关心实际的采暖能耗；物业管理和用能系统运营企业关心的是运行成本，却可能对开窗散热、拖欠缴费等行为无能为力。建筑节能涉及多个利益主体，如何清晰地界定并保护建筑节能的权力与责任，是建筑节能制度安排的重要内容。

从我国目前的发展来看，制度滞后已经成为阻碍我国建筑节能发展的主要因素，建筑节能发展的实践已经证明，制度的改革与创新是建筑节能发展的核心动力。

1.4　建筑节能制度研究的问题与方法

1.4.1　建筑节能制度研究的主要问题

建筑节能制度研究是为了解释人的节能行为，必须要以经济学中的相关概念为基础。一般的建筑节能经济技术分析是会计学的成本收益核算，与经济学的相关概念有很大不同。会计学中的成本是指历史成本，而经济学中的成本是指机会成本，在经济学中历史成本不是成本。会计学是为了描述企业经营活动中的现金流动，经济学是为了解释人的选择行为。

例如，技术经济分析得出北京居住建筑达到节能65%的标准，外墙外保温须增加的成本大约是200元／㎡，这个成本是指会计学的成本，而不是经济学的成本。很多节能技术从会计学的成本来看有利可图，但何以得不到广泛应用？原因是会计学中的成本忽略了很多现实中存在的机会成本。建筑南北向布置最有利于节能，但为何有些建筑选择其他朝向？原因可能是其他朝向的绿化景观更好，在土地稀缺的大城市中，绿化景观的价值大幅提升，以能耗的增加换取景观的收益就变得很划算，反之放弃景观而选择节能的成本就变得非常高昂。会计学中的成本不考虑实际情况中的其他选择，只管项目中的现金流动，无法对实际情况作出呼应，也无法计算景观等无法以现金量度的成本。

建筑节能制度研究未考虑交易费用。交易费用是新制度经济学中的重要概念，张五常（Steven N. S. Cheung, 1935～）认为交易费用是鲁滨逊的一人世界不可能有的费用。首先，一人世界没有交易费用，交易费用在多人的社会才会出现。其次，多人的社会有人与人之间的竞争，要决定竞争的胜负准则，制度就出现了。第三，从广义的角度来看，制度是由于人与人的竞争而起，竞争的相互影响造成了交易费用，因此，制度是因交易费用而产生的。广义的交易费用包括信息费用、量度费用、执行费用、监管费用等，狭义的交易费用是制度费用。❶

❶ 张五常，《经济解释》（神州增订版）卷二"收入与成本——供应的行为（上篇）"，第221～256页。

节能标准与规范的制定并不困难，而执行困难，这主要是降低量度与监管等交易费用的问题。例如分户计量有利于减少开窗散热的行为，但是执行起来需要高昂的管网改造、热表安装、量度、计价、收费等交易费用，而面积热价的交易费用要远低于分户计量，这是现实生活中大部分既有居住建筑采用面积热价的主要原因。

建筑节能制度研究缺乏正确的经济学理论解释。例如激励机制是建筑节能政策研究的热点，其重点是如何激励，是要为政府提建议，但对为何激励缺少深入的探讨，似乎建筑节能不能靠市场来完成，只能靠政府的监管和激励，用胡萝卜与大棒推动。为何建筑节能存在市场失灵？市场缺少动力的根源是统一的面积热价管制——不管建筑物实际节能率是多少，都按同一个标准收取热费——所以新建节能建筑与既有建筑改造缺乏动力，因此只能靠政府的监管和补贴才能推动。也就是说，不是市场缺少动力导致政府应该加强监管与补贴，而是政府的面积热价管制造成了市场缺少动力，所以应改变统一的面积热价管制，恢复市场的价格准则。不能一面压制市场，限制市场的自由选择，一面又埋怨市场，认为市场缺少动力。

1.4.2　经济解释的研究方法

建筑节能制度研究大致分为三个方向——好不好、怎么办、为什么。"好不好"是价值观、伦理学的研究范畴，例如环境伦理、生态哲学等，目的是批判现实不是解释现实；"怎么办"是建筑节能制度研究的主流，是建筑节能政策法规的主要目的，但是不知道现实为何如此，不可能知道如何去解决。重要的是"为什么"的问题，只有清晰地解释当前的现象，才能有将来的改进。

以经济学理论解释建筑节能制度，不是为了比较建筑节能制度孰优孰劣，而是解释为什么会采用这种制度安排；不是为了证明建筑节能率应该达到百分之多少，而是解释为何存在建筑节能率的差异；不是为了证明德国的建筑节能监管方式比我国好，而是阐明我国为何要采用目前的监管方式；不是为了比较分户计量与面积热价的优劣，而是为了指出分户计量与面积热价各自的适用条件。

建筑节能制度安排的优劣高下是好不好的问题，是价值取向的主观判断，无法解释建筑节能的现象。重要的是建筑节能制度安排因何存在、因何转变，这是为什么的问题，是实证科学研究的重点，需要经得起理论的逻辑推理与事实的客观验证。

建筑节能政策研究往往为节能而节能，因为西方有这个制度，所以我国也应该有，这种研究方法可谓大错。近些年，社保、最低工资、反垄断等在西方都有很大问题的制度安排，却被盲目地照搬过来，不良后果已逐渐显现。2016年1月，我国照搬美国股票交易的熔断机制引起了剧烈震动，熔断机制被熔断。美国搞熔断机制是因为大量采用计算机自动交易，稍有出错就会涌现大量卖盘，而这些错误用人眼本可看出来，于是搞熔断机制暂停一下，让市场有时间分辨计算机的错误。熔断机制不是为了应对恐慌情绪，而是为了以人工来修复计算机自动交易的错误。我国以熔断机制应对股民的恐慌，结果对冷却恐慌毫无帮助，反而助长了恐慌。好在熔断机制的恶果明显而直接，促使证监会紧急叫停，但问题是，在建筑节能领域，有些建筑节能的制度安排并不适合我国情况，其不良的后果却可能延后很长时间才能清楚地看到，好似温水煮青蛙，让人不知不觉中走向错误的道路。

熔断机制的例子告诉我们，制度安排不要从有无、优劣、高下来看，而要从适用条件来看，即为什么存在这种制度安排，研究的方法是以经济学的相关理论，解释建筑节能中的制度安排。解释现象是实证研究，从一个需要解释的现象入手，考查这个现象的真实性与细节，然后用一套理论工具加以分析，推出假说，再到真实世界中去验证，最后把假说推广到一般化。每个现象都是在约束条件下促成的，为此考察现象的真实性与约束条件的转变非常重要，需要经过长期的观察与体会。一些现象解释的困难往往在于真实世界有关约束条件调查的困难与遗漏。

本书的主要内容是建筑节能制度为何如此安排，以及在何种情况下会转变。"为什么"是对现象的解释，是实证科学研究的范畴。研究建筑节能制度安排的宏观政策要从微观的个人选择入手，这是经济学研究的基本出发点，即从个人选择行为出发。

人为什么会选择节能建筑？

第 2 章

节能建筑的需求定律

宏观的建筑节能制度研究需要从微观的个人选择行为入手，"宏观是以个人为单位加起来的。宏观与微观之别，只不过是组合的或大或小罢了"。[1]这是因为所有的决策都是由个人作出的，集体的选择是个人选择的集合。对建筑节能制度问题的经济研究，要从微观的建筑节能行为入手，以约束条件的转变来推断行为的转变。

● 张五常，《经济解释》卷一"科学说需求"，第71页。

2.1　节能建筑的价格与成本

2.1.1　节能建筑的价格

"需求定律（law of demand）是说任何物品的价格下降，其需求量必定上升。古往今来，何时何地，不能有例外。这是说，以纵轴为价及横轴为量，其中的需求曲线一定是向下倾斜的。"[2]"价"是指商品某种"质"（品质）的价格（price），"量"指的是需求量（quantity demanded），是在不同价格下消费者意图换取的最高的量。

❷ 张五常，《经济解释》卷一"科学说需求"，第131页。

一处房产有多种"质"，建筑面积或使用面积的是最常见的质，量度的也最精确，除此之外，区位、楼层、景观、朝向、装修等也是房屋的"质"，同样被量度而定价的，只是有的"质"不是像面积那样采用基数量度，而是用序数量度或是比较优劣。例如南向比北向采光好，板式比塔式住宅通风好。每一种"质"都是有价的，在同一单元里，同样的户型，每平方米的售价按楼层递增100元，那是楼层之"质"的价格；南北户型比东西户型每平方米贵500元，那是朝向之"质"的价格；紧邻绿化公园，售价大幅提高，那是景观之"质"的价格。这些"质"有多种组合，消费者选购了100m²的房产，实质上是购买了区位、面积、楼层、景观、装修等多"质"的组合，需要加在一起算价，只是由于面积量度最常见，这些"质"的价格都委托于面积之"质"的价格当中。[3]

❸ 关于"有质"的需求量与"委托"的需求量参见：张五常，《经济解释》（神州增订版）卷一"科学说需求"，第148~154页。

节能性能是建筑的多"质"之一，节能建筑比普通建筑高出的售价就是节能之价。例如，国家康居住宅示范小区武汉青山绿景苑采用综合节能技术，在2002年开盘时，其均价为2200元/m²，而周边的商品房是1800~2000元/m²了，若青山绿景苑与周围商品房相比，除了节能之质其他质量均相同，那么高出的200~400元/m²就是建筑节能质量的价格。北京峰尚国际公寓以节能作为卖点，开盘时每平方米售价比周边楼盘高出了2000元，这也是建筑节能之"质"的价格。

2.1.2　节能建筑的用值与换值

亚当·斯密（Adam Smith, 1723～1790年）在《国富论》（*An Inquiry into The Nature and Causes of the Wealth of Nations*, 1776）中，提出了"用值"（use value）和"换值"（exchange value）两个概念。"用值"是某物品给予消费者的最高所值，或消费者愿意付出的最高代价。"换值"是获取该物品时所需要付出的代价。"以市场来说，交换价值是市价。某物品的边际使用价值比市价高，消费者会多购一点；若比市价低，消费者不会购买。这是个人争取最大利益的假设使然。在均衡上，市价就必定与边际使用价值相等"。❶消费者愿意付出的最高交换价值与实际交换价值的差额，或者是消费者的总使用价值与总交换价值的差额就是消费者盈余（consumer's surplus）。

房屋有多"质"，例如区位、户型、朝向、通风、楼层等，每种"质"均有价，这里的价是指交换价值即价格。在购房大厅的信息板上，不同的楼栋、户型、楼层，单位建筑面积价格不同。建筑节能之"质"也是房屋的多"质"之一，是被量度并定价的。

一般来讲，消费者为商品的某种"质"付钱，一定是认为该"质"带来的使用价值高于交换价值，否则不会购买。以节能建筑为例，消费者估计未来每个时期室内热舒适环境改善的使用价值和节约的能源费用，以利率折现而求得一个现值，就是当前消费者愿意为建筑节能之"质"所支付的最高价（用值）。选择节能建筑，显然是因为这个最高价（用值）高于建筑节能之"质"的市价（换值）。

如果节能建筑和普通建筑按照建筑面积收取同样的热费，则节约的能源费用为零，节能建筑的用值会下降，若用值下降到低于建筑节能之"质"的市价，消费者盈余为负值，那么消费者就不会为建筑节能买单。

2.1.3　节能建筑的成本

经济学中的成本（cost）是指机会成本（opportunity cost），其定义是无法避免的最高代价。"成本是因为有选择而起的。没有选择就没有成本。说成本是最高的代价，也就是说放弃的是最有价值的机会"。❸

开发商建房子卖给消费者，在建造时有两种选择——建普通的

❶　张五常,《经济解释》卷一"科学说需求"，第146页。

❷　张五常,《经济解释》卷二"收入与成本——供应的行为（上篇）"，第136页。

房子或是节能的房子。假若楼面地价都是5000元/m²，普通房子的造价是1800元/m²，售价是8000元/m²；节能房子的造价是2000元/m²，售价是8500元/m²。那么建造普通房子的成本就是节能建筑的收入，即节能建筑的销售收入（8500元/m²）减去节能房子的开发成本7000元/m²（楼面地价5000元/m²+楼面造价2000元/m²），为1500元/m²。建造节能房子的成本就是普通房子的收入，即普通房子的销售收入（8000元/m²），减去普通房子的开发成本6800元/m²（楼面地价5000元/m²+楼面造价1800元/m²），为1200元/m²。选择节能房子的成本（1200元/m²）低于选择普通房子的成本（1500元/m²），成本或代价下降，需求量上升，开放商会选择建造节能的房子。

如果严格审查节能设计图纸，施工和验收时有严格的节能监管，只能建造达到节能标准的房子，此时没有节能建筑和普通建筑的选择，或者说选择建造节能建筑的成本为零。

但实际上选择无处不在，开发商没有了节能建筑和普通建筑的选择，却可以选择建与不建，或者在达到节能标准和超过节能标准之间进行选择。例如北京规定新建居住建筑节能65%是最低标准，但开发商可以选择建节能75%的房子。假如楼面地价仍为5000元/m²，节能65%的造价是2000元/m²，售价是8500元/m²；节能75%的造价是2300元/m²，售价是9000元/m²。那么节能65%的成本就是节能75%的收入，为1700元/m²（9000元/m²-5000元/m²-2300元/m²），节能75%的成本是节能65%的收入，为1500元/m²（8500元/m²-5000元/m²-2000元/m²）。节能75%的成本1500元/m²小于65%的1700元/m²，开发商会选择建节能75%的房子。

业主自建节能建筑又是如何选择呢？在房子还没有动工的决策阶段，业主要估计未来每个时期建筑节能性能带来的室内环境舒适度改善的用值，再加上以利率折现而求得能耗费用的节省，就是业主选择建筑节能的预期最高用值。建筑节能的成本则包括三项：（1）在建造过程中建筑节能所增加的建造费用；（2）在使用过程中建筑节能所增加的维护费用；（3）在使用过程中因节能而放弃的代价，例如为了节能而放弃了大面积的落地玻璃，节能的代价就是通透视野的用值。这三项都要以利率折现加起来而求得一个现值总成本，然后以现值总成本与预期的最高用值相比。

消费者购买节能建筑的成本如何看呢？消费者的购买成本也要从选择来看，有购买节能65%和节能75%两个选择，房屋节能65%之"质"的价格是1000元/m²，使用阶段各时期的室内环境舒适度的最高用值为1100元/m²，以利率折现的能源费用节省为100元/m²；房屋节能75%之质的价格为1500元/m²，使用阶段各时期室内环境舒适度的最高用值为1700元/m²，以利率折现的能源费用节省为150元/m²。选择节能65%的成本是节能75%的收入，即1700元/m²+150元/m²-1500元/m²，为350元/m²；选择节能75%的成本是节能65%的收入，即1100元/m²+100元/m²-1000元/m²，为200元/m²；节能75%的成本200元/m²小于节能65%的成本350元/m²，消费者会选择购买节能75%的建筑。

2.2　建筑节能中的经济规律

2.2.1　边际产量下降定律

边际产量下降定律（the Law of Diminishing Marginal Productivity）又称为回报率下降定律（the Law of Diminishing Returns），是指"在有多种生产要素的情况下，一些生产要素之量增加而另一些固定不变，则总产量上升，但增加量会越来越小（边际产量下降），当增加量为零的时候总产量达到顶点，然后当增加量为负值的时候，总产量下降"。❶

建筑节能的生产投入与回报产出同样遵循边际产量下降定律。要增加建筑节能的回报，如果单纯增加其中一种生产要素（例如外墙的传热系数），则建筑物总的节能量会增加，但其节能率会越来越小。这也是说为了提高建筑物的节能性能，可以任意增加其中一种生产要素的投入，但是随着投入的增加，其回报率会下降。

建筑节能率的"三步节能"设定反映着建筑节能设计标准遵循边际产量下降定律。一步节能率为30%，以1980~1981年当地通用设计能耗水平（即能耗量）为基准，节能30%；二步节能率为50%，50%是指在节能30%的基础上再节能30%，实际的节能率增量是（1-30%）×30%=21%，取近似值为20%；三步节能率为65%，也是在前一个节能率（节能50%）的基础上再节能30%，实际的节能率增量为（1-50%）×30%=15%。

以1980~1981年当地通用设计能耗水平为基准看节能率增量，每步的节能率增量是逐步下降的，一步节能率为30%，二步节能率增量为20%，三步节能率增量为15%，建筑节能率的增量同样遵循边际产量下降规律。若把节能率增量看为边际产量下降定律的"产量"，那么围护结构热工性能和能源系统用能效率就是

❶　张五常，《经济解释》卷二"收入与成本——供应的行为（上篇）"，第170~171页。

"生产要素"，边际产量下降定律发生作用的约束条件是"有多种生产要素"且"一些生产要素之量增加而另一些固定不变"，因此节能率要遵循"总产量上升，但增加量会越来越小"的规律。外墙传热系数可以依靠增加外墙保温层厚度逐渐降低，但是供热系统效率却很难同步提高，此时边际产量下降定律会发生作用。

边际产量下降定律是一条实证规律，因为如果边际产量下降规律不对，那么就是说保持一些生产要素不变，而增加另一些生产要素，就可以使得总产量上升，并且增加量会越来越大。放到建筑节能中，是指可以通过单独增加外墙保温厚度来降低实际供热量，并且降低量会越来越大，并最终达到实际能耗量为零的状态，但这在现实中是不可能存在，因为违背了基本的热力学原理。实际情况是随着外墙厚度的增加，整体保温性能的提升会越来越小。无论外墙厚度多厚，只要室内温度高于室外，热量必然从室内向室外流动，在没有外界能源输入（例如太阳辐射）的情况下，不可能维持室温稳定。

2.2.2　市场利率与节能的投资回报率

"在物品或资源缺乏的情况下，利息是提前享用或预先投资的价，跟任何价一样，是在市场竞争下决定的。这个价是因为时间有先后而起的，而物品或资源的现值（present value）与期值（future value）之差就是利息。因为时间有长短之分，我们就以一个同期的利息率乘以现值来算出利息。"[1]

[1] 张五常，《经济解释》卷二"收入与成本——供应的行为（上篇）"，第37页。

当经济快速发展时，投资的回报提升，市场的利率高；当经济发展缓慢时，投资的回报下落，市场的利率低。利率的高低对建筑节能具有重要影响，建筑全寿命周期中占主要部分的使用能耗是在一个长期过程（50～70年）中发生的，较高的利率使这个长期费用折现[2]后变小，因此业主对建筑节能缺乏动力。

[2] 折现是将未来费用与效益调整为现值的过程，是以未来的收入除以利率。

节能建筑投资回收期是一项评价建筑节能技术措施合理性、经济性的重要指标，成为节能建筑建设的决策依据。建筑节能投资回收期的计算包括静态法和动态法。静态法不考虑资金的时间价值，没有利率因素，无法真实反映资金的回收状况；动态法考虑资金的时间因素，将资金借贷利率（不一定是市场的真实利率）情况反映在投资回收期内。一些节能建筑的技术经济分析文章用动态投资回收期来计算，节能建筑的投资在几年或者十几年内就可以回收。但是，投资可以有其他选择，在经济快速发展过程中，节能的投资回报率可能远低于市场的利率。

北京的房价从2000～2015年，15年的时间翻了十几倍甚至几十倍。以五道口附近的华清嘉园为例，2000年新房开盘时价格为4000元/m^2，2015年二手房交易价格近于100000元/m^2，是原来的25倍，这是说回头看，2000年时投资华清嘉园的回报率极高。假设建筑节能的投资回收期为15年，建造时建筑节能的成本为200元/m^2，15年后充其量只是回收了成本。如果把这200元/m^2用于购买新房，15年来升值25倍，是5000元/m^2，平均来看约7个月就回收了成本。这是说在2000年，把建筑节能之质的钱省下来投入到建筑面积之质是一本万利的。

西方建筑节能始于20世纪70年代，在20世纪80～90年代取得了很大的发展，此时，西方发达国家基本已经完成了城市化进程，房产价格较为平稳。而我国从20世纪90年代开始取消福利分房，代之以货币化住房政策，建立房地产交易市场，在这个过程中，伴随着我国城市化的加速发展，尤其是进入2002年以来，房地产市场迅猛发展，城镇土地价格上扬很快，导致了楼面地价在售价中的比重非常大。普通住宅的建造成本大致在1000～2000元，而大中城市中心区商品房的售价普遍超过了万元，在北京、上海、深圳等热点城市，价格突破10万元也不稀奇。大幅上涨的房价，使得建筑作为资产的回报大幅上扬，建筑节能所带来的收益与之相比微不足道。

2.2.3　楼面地价与建筑节能率

建筑节能中的一个普遍现象是地价高的城市与地区节能率较高，这是需求定律使然。房屋总开发成本包括楼面地价与楼面造价，可以用楼面地价除以楼面造价表达每平方米的造价中分摊了多少地价，如果楼面地价不变而提升楼面造价，含义是降低了每平方米造价中分摊的地价，在地价高昂的地区，这是普遍的经济规律。

假设楼面地价为5000元/m^2，节能65%的建筑楼面造价为2000元/m^2，每1元楼面造价中分摊2.5元楼面地价（5000元/m^2÷2000元/m^2）。此时城市化进程导致地价提升，但造价不变，当楼面地价提升为6250元/m^2，节能65%的每1元楼面造价分摊3.125元楼面地价（6250元/m^2÷2000元/m^2），含义是每单位造价中包含的地价提升了，成本（代价）增加需求量会下降。如何降低单位造价中的地价成本呢？答案是提升楼面造价，造节能75%的房子，节能75%的楼面造价为2500元/m^2，每1元造价分摊2.5元地价（6250元/m^2÷2500

元/m^2），比节能65％的3.125元降低了，与楼面地价为5000元/m^{2}时节能65％的分摊地价相同。其经济学的含义是，当楼面地价提升时，会有鼓励提升建筑节能率的效果。

将房地产开发与淘宝购物类比吧！淘宝购物的总成本包括运费和售价，虽然购买的是商品本身，但必须要付出一个运费才能得到该商品，这与房地产开发一样，虽然居住使用的是房子，但必须要支付一个地价才能有地方建造，空中楼阁是不可能的。淘宝购物的运费相当于楼面地价，售价相当于楼面造价。国内快递只有10元运费，买100元商品时，每元售价要分摊0.1元运费（10元÷100元）；海外代购运费提升为100元，要买1000元的商品，才能保证每元售价中分摊0.1元运费（100元÷1000元）。买护肤品，国内购选择"大宝"足以，海外淘会选择"香奈儿"，不是因为财富的变化，也不是因为偏好的转变，而是运费提升使然，与楼面地价上涨导致建筑节能率提升完全相同。

2.3　某些建筑节能观点值得商榷

2.3.1　建筑节能率越高越好

节能建筑是指达到一定节能率标准的建筑。例如建筑节能65％，是指以当地1980～1981年建筑物的通用设计能耗为标准，节省了65％的能耗。因此，建筑节能不能从是或否来看，那么，节能率越高越好吗？

建筑节能率越高，付出的成本也越高，不见得建筑节能率越高越好。就消费者而言，提高建筑节能标准的投资回报率如果低于市场真实的平均利率，那么降低建筑节能率反而是合理的选择。建筑节能率是受以下几个约束条件影响的。

（1）地价越高的地区，建筑节能率越高；反之地价越低，建筑节能率也越低。

（2）收入越高的地区，建筑室内舒适度的需求越高，愿意为清洁环境付出的代价越高，建筑节能率也越高。建筑节能率提升，可以增加室内舒适度，降低能源需求，减少环境污染水平。清洁的环境是有成本的，收入越高的地区，越愿意承担清洁环境的成本。

（3）能源供需矛盾加剧，政府对建筑节能的监管明显加强，建筑节能率提升；能源供需矛盾缓和，政府对建筑节能的监管力度下降，建筑节能率不变。由于我国的建筑能源价格管制，不能依靠价格机制调整能源供需矛盾，无法促使市场自发地调整建筑节能率，因此必须依靠政府的监管与激励措施。

（4）市场的真实利率越高，建筑节能率越低。建筑节能的投资回报率与资金的贷款利率有关，当贷款利率低于真实的市场利率，建筑节能投资的机会成本上升，减少建筑节能的投资，降低建筑节能率是经济的选择。

2.3.2　限制户型面积以降低建筑能耗？

为了抑制我国快速增长的建筑能耗，有人认为应限制居住建筑的户型面积，以降低整体的建筑能耗，并指出日本居住建筑的户型面积小，建筑能耗低，美国户型面积大，能耗高。

不能拿日本或美国的户型面积和中国比，因为我国和日本、美国面临的局限条件大不相同。日本地少人多，加上实行禁止农产品进口的政策，土地稀缺，土地价格飞速上涨，户型面积当然较小，普通居民里双层床甚至多层床并不罕见。美国人少地多，交通发达，可利用的建筑用地多，户型面积当然较大。日本或美国的户型面积大小可不是因建筑能耗而改变的。

2006年5月24日国务院办公厅转发了建设部、国家发展和改革委员会、财政部等九部委《关于调整住房供应结构稳定住房价格意见》的通知。其中规定"自2006年6月1日起，凡新审批、新开工的商品住房建设，套型建筑面积90m²以下住房（含经济适用住房）面积所占比重，必须达到开发建设总面积的70％以上"。社会上把建筑面积90m²以下，占开发建筑总面积70％以上的住宅称为两限房。

推出两限房的目的是为了调整新建住房的供应结构，增加低总价住宅的供应，缓解市场房价上升过快给购房者带来的压力。一些建筑节能的研究者支持两限房的政策，认为限制户型面积，可以降低户均建筑能耗。

从经济学角度看，户型面积的大小应由市场决定，强制规定的户型面积和比例是对市场的干预，可能会带来如下后果。

"（1）中小套型（90m²以下）的供给增加，每平方米建筑面积的相对价格会下降；大户型（豪宅）的供给减少，每平方米建筑面积的相对价格会上升。

（2）违反了市场的供求规律，土地不能善用，地价会下降，国家的整体财富也会下降。

（3）相对价格的转变，会使新建楼房三极分化：豪宅、中等收入的90m²住宅、贫民窟。

（4）阶层变得棱角分明，促成了令社会不稳定的财富歧视与阶级划分。"❶

客观的分析会得到如下结论：不应以限制户型面积来减少建筑能耗，而应约束用能成本，让能源的价格反应用能的真实成本，这是需求定律的含义。

❶ 张五常，佛山试制大头佛，http://blog.sina.com.cn/s/blog_47841af7010006bi.html，2006-08-29。

第 3 章

用能代价与节能成本

3.1 建筑能源的价格

3.1.1 电价与收入

能源价格是影响节能建筑需求的主要约束条件之一。西方发达国家建筑节能起于20世纪70年代，中东主要产油国家协议提高原油价格，石油价格普遍上涨，能源危机爆发。能源储量低，用能成本高的国家，例如德国、日本，建筑节能做得好。

1970年代的石油危机对我国建筑节能影响不大，因为我国建筑节能的发展有独特的约束条件。我国20世纪80年代开始搞建筑节能，开始的十年多的时间里进展缓慢，这与我国主要的一次建筑能源——煤炭储量较高有很大关系。改革开放以来，经济快速发展，主要建筑能源——电力的价格也上涨了。但相对于人均收入的大幅增长，电力与收入的相对价格反而下降。

从电价的变动来看，1980年电价为0.07元／度，2014年电价为0.5元／度，在30多年的时间里大约上涨了7倍。从收入的增长来看，20世纪80年代初期城镇居民年收入约为477元，2014年城镇居民人均可支配收入28844元，❶30多年的时间里上涨了60倍。1980年城镇居民人均年收入可以购买6814度电，2014年可以购买57688度电，是1980年的8.5倍。这是说，经过30多年的快速发展，电价的涨幅远小于城镇居民收入的增长。

当然，我国地区经济发展很不平衡，电价与收入之间的比例也大不相同，但总体来说，电价的整体水平是比较低的。与世界其他各国的电价相比，相对于工业用电，我国居住用电价格明显偏低，而世界上大多数国家居民电价高于工业电价。根据国际能源署（IEA）的统计，2005年国际经济合作与发展组织（OECD）国家的居民电价大约是工业电价的1.7倍（平均值），这是由于居民生活用电负荷小且不稳定，随机性较强，在电力输送中，居住用电的低压电输送过程较难控制，导致居民用电成本比工业用电高。而同期我国的居民电价仅为工业电价的0.93倍。

从国际能源价格上看，我国的电力、煤炭、天然气的价格均偏低，国内现行天然气平均出厂基准价格仅相当于国际市场可替代能源价格的21％；居民使用天然气、电力的价格也大幅度低于OECD国家水平。

我国的电价中环境治理与保护的成本不足，环境保护性收费标准普遍偏低。比如，治理二氧化硫排放成本约为1260元/t，但收费标准只有630元/t。而我国建筑能耗环保治理的困难是多方面

❶ 见《中国统计年鉴2015》，表6-7 "城镇居民人均收支情况"。

的，不仅是收费不足的问题，而且环保收费难以全额用于环保设施建设与运行维护，违规减免使环保性收费难以按规定标准征收到位，以费养人问题较普遍。❶

3.1.2　电价的需求弹性系数

价格上升，则需求量下降，但价格上升的百分比与需求量下降的百分比可能大不相同。为了衡量价格与需求量变动的比率，经济学家发明了需求弹性系数（price elasticity of demand），是指需求量的百分比转变除以价格的百分比转变。需求量变动的百分比若比价格变动的百分比大，那么弹性系数就大于1，是有弹性（elastic）；需求量变动的百分比若比价变动的百分比小，弹性系数小于1，则是无弹性（inelastic）。

"电价的需求弹性系数一般不可能在事前算得准。要倒过来，问需求弹性系数要是多少才能一次性地解决缺电问题，然后再问这些系数是否苛求，是否合乎情理。2004年，我国缺电大约是6%强，假设电价的需求弹性系数为0.5（应该不难），那么电力加价12%应能解决缺电问题。如果电力加价20%，需要的电价弹性系数仅为0.3，解决缺电的把握更大。政府的统计是工业用电占总用量的75%，居住用电仅占10%强，为此只提高工业用电价格而不管商业和住宅用电有一定的误解。首先，工业用电的需求弹性系数应该低于住用或商用。因为如果电价加同样的百分比，节省用电的百分比最高的应该是住宅，次为商业，再次为工业。其次，住宅节省用电最容易。第三，中国的经济发展工业最重要，加电价的负担以小为妙，要商业、居住分担"。❷

电价调整的费用远低于拉闸限电的代价。电价加价10%～20%就可以避免武断的拉闸限电，频繁拉闸限电会导致冰箱和空调无用、工厂停工、投资却步、商业与政府机构频频休假、失业增加，代价较高。

由于工业与国民收入的增长，电器用品价格的下降，空调、微波炉、计算机、冰箱等销量大增，建筑的用电需求大幅增加。而从供应方面，电力建设短期内不能提高。而管制电力价格，缺少弹性，导致了夏季用电高峰大范围的拉闸限电情况。建筑节能也是在此背景下重新受到社会关注，开始提倡人们的建筑节能行为。

缺电严重，提高电价，可以降低人们对电力的需求量。只有加价才能有效地促进市民的节能行为，比政府的管制要有效率得多。照明少开一点，空调少用一点或温度调高一点，热水和电炉

❶ 2006年湖北省按二氧化硫排放量（74.15万t）和现行收费标准计算，全省应收二氧化硫排污费4.67亿元，但实际仅收3亿元；另一方面，在一些县级城市所收排污费85%以上被用于职工工资福利及办公经费开支——见张卫东，运用价格手段促进节能减排的实践与思考，《价格理论与实践》，2007年第7期。

❷ 张五常，《再谈缺电》，http://blog.sina.com.cn/s/blog_47841af7010003ra.html。

等使用节省一点，这些节能行为政府管制不容易得到好效果。北京及一些城市规定公共建筑的空调不准低于26℃，政府部门的办公建筑可以通过行政命令来强制执行，但是商场、餐厅、写字楼等监管不易，实际执行效果不容乐观。

只有提高电价，才能有效地促进市民的建筑节能行为，而这种节能行为的范围可以扩展到居住建筑中去。提高电价，每个使用者对自己的行为负责，必然会用心选择电力的用途，能省则省，从而提高用电效率。一些节约用电的宣传当然也起到一定的作用，但远不如提高电价来得直接。

电力价格还需要一定的灵活性。例如电价不分高峰和低谷，必定造成一天之中的电力供需不均衡，一些地区虽然实施波峰波谷差别定价，但价格差不够大，某些节能技术例如冰蓄冷调节波峰波谷的用电差就失去了经济可行性。

2000年北京地区日峰谷差为290万kW，2004年日峰谷差为464万kW，2007年最大日峰谷差已达到582万kW，占最大负荷的近50%。"如按照40万kW尖峰负荷、每千瓦发供电设备投资7000元估算，须投资近28亿元。再按照发供电设备寿命期25年、尖峰负荷年平均发生时间40h，运用线性静态折旧法估算，年固定资产折旧为1.12亿元，平均每度尖峰电价约5.6元，相当于社会售电均价的10倍左右"。❶用电量峰谷差过大不仅导致电网运行的可靠性降低，而且为了保证尖峰负荷，还需要加大发电机组和电网的建设投入，电网运行效率也会降低。

3.1.3 自然垄断与电价管制

传统经济学中的"自然垄断"（natural monopoly）是政府管制终端用户电价的理论基础。"如果一种物品的产量增加其平均成本不断下降，在同一市场内不会有多过一个生产供应者，这是因为只一个生产者的产量愈大，其平均成本愈低，其他生产者参进会遭淘汰……产量增加平均成本不断下降，边际成本永远是在平均成本之下。资源的有效率使用要满足帕累托条件，产出点是价格等于边际成本，但要满足这条件，自然垄断的价格一定是在平均成本之下，因而要亏蚀。如果政府强迫价格等于边际成本，这个自然垄断者要关门，但如果不强迫，其价会高于边际成本，因而无效率（或有浪费）。于是，经济学者的建议有二。其一是政府补贴自然垄断者；其二是索性由政府经营公用事业或有自然垄断的行业"。❷公用事业（public utilities），例如水、电、煤气之

❶ 魏加项，苏保强，纪洪，等，北京市建筑节能及地源热泵的推广前景，《电力需求侧管理》，2008年第1期，第50页。

❷ 张五常，《经济解释》（神州增订版）卷三"受价与觅价——供应的行为（下篇）"，第120页。

类的供应，历来被认为有自然垄断的性质，应由政府垄断经营。

自然垄断不能成立。"经济学者喜欢举出建大桥或隧道的例子，来示范平均（车辆使用）成本的不断下降。投资数十亿建隧道，把这庞大的上头成本与使用的车辆摊分，其平均成本当然不断下降。但投资建隧道之前不应该这样看——应以总投资的折现与总收入的折现来衡量；建造后那庞大的投资只能从租值的角度看，其摊分是倒转过来，用微不足道的直接平均成本曲线加上每辆车所付的租值。这后者——总平均成本曲线——是不会不断地下降的"。❶

自然垄断的理论错误是固定成本的概念有误。在运营阶段，固定成本其实转为上头成本，而上头成本是收入减去直接成本再摊分到产量上，并没有随产量上升而不断下降的特点。实践上的反例比比皆是，例如香港海底隧道具有自然垄断的一切特征，但却是私营且盈利的。❷因此，自然垄断在现实中不存在。

电力、煤炭、石油、天然气等的供应由私人经营，价格由市场决定，在世界各国普遍存在，瑞典的电力市场和电力价格就是一个市场定价的例子。

瑞典地处北欧，全国电力装机容量3336万kW，年发电量1480亿kW·h，年电力消费量1460亿kW·h，是世界上人均电力生产量和消费量最高的国家之一。自20世纪90年代开始电力市场化改革，1996年与挪威合作建立北欧电力交易所（即Nord Pool）。2000年，北欧四国形成共同的电力市场。瑞典电力市场是北欧共同电力市场的重要组成部分。

瑞典的发电价格，在北欧共同电力市场上由买卖双方供求力量决定，通过竞争形成，每小时都在变动。电力输配仍是垄断经营，电网公司依据电力法收取输配电费，政府对输配电费实行监管。终端电力市场是竞争的，消费者拥有充分的市场选择权，并可以得到足够的电力价格信息服务。电力终端用户支付的电价由四部分组成，其中电能价格、电力许可证价格、电网费用和税收分别占36%、3%、19%和42%。

为了获得电力供应，消费者需要签订两份合约。一份合约是与电网公司签订的，这份合约是使消费者可以使用供电网络。另一份合约是有关电力供给的，消费者可以自由选择供电商并与他们签订合约。合约的形式多种多样，最常见的三种合约形式是固定价格合约形式（fixed price contracts）、可变价格合约形式（variable price contracts）和开放式合约形式（open-ended contracts）。

❶　张五常，《经济解释》卷二"供应的行为"，第207页。

❷　张五常，《经济解释》（神州增订版）卷三"受价与觅价——供应的行为（下篇）"，第122~123页。

固定电价合约的电价是固定的，合约有效期通常是2～3年，合约的电价一般是签署合约当时的电价。可变价格合约的电价，每月调整一次，和北欧电力市场上的电价紧密联系，电力市场电价高时，消费电价就高；电价低时，消费电价也变低。开放式电力供应合约在价格上没有限制，在一年中合约的电价可以更改。这种合约的电价一般比其他类型合约的价格要高，电价更改的频率比可变电价合约要低。❶

我国的电价管制导致市场需求信息的缺失。电力供需矛盾突出，短时间内无法增加电力供应，电价不能调整，只能通过拉闸限电来分配电力。问题是没有出价，电力部门如何知道各个用电企业或单位对电力的真实需求？科斯（R. H. Coase）说过："要真的知道一个人对某物品的意欲，唯一可靠的办法是要这个人出价。"❷拉闸限电很武断，很容易造成真正有需求的企业用不到电，减产或停工是损失，电力不能达到善用之境也是损失，而这损失原本是可以靠多付电费来避免的。

电价管制影响发电企业的积极性。电价无法完全反映煤炭价格的波动，无法完全反映除尘、除硫等环境保护的成本，导致企业运营效率下降。电价管制也导致环境问题。环境保护成本没有完全反映到电价中，电价偏低，用电量增加了，导致环境恶化。

3.2　补贴激励与价格准则

3.2.1　建筑节能的激励政策

我国建筑节能的经济激励政策可以大致分为两个阶段，2005年以前，建筑节能激励的资金来源、力度和范围都很小。相关的激励主要集中在节能型墙体材料方面，建筑节能发展缓慢。2005年以后，随着能源供需矛盾的集中爆发，政府开始重视建筑节能，相关一系列法律法规的出台，尤其是《可再生能源法》和《民用建筑节能管理规定》，带动了一批相关的激励政策。

"我国对节能的支持走过的路是由财政拨款到取消财政拨款，由设立节能专项贴息贷款（全贴、半贴）到取消节能专项贷款"。❸从20世纪90年代初到21世纪初，政府取消了某些建筑节能的激励政策，原因有以下两点。

一是住房市场化改革。我国从20世纪80年代开始尝试进行住房市场化改革，也就将住房公有性质转变为私有产权。进入到20世纪90年代中后期，私有化的转型基本完成。住房产权制度的转

❶ 刘刚、谭钦文、王洪宇，瑞典的电力市场和电力价格，《中国物价》，2007年第4期，第43页。

❷ 张五常，《经济解释》卷二：供应的行为，第177页。

❸ 赵怀勇，何炳光，公共财政体制下政府如何支持节能（下）——欧盟、英国和法国的运作模式、启示与借鉴，《节能与环保》，2004年第1期，第7页。

变必然导致建筑采暖收费安排的转变，由单位或政府负担的福利
制度转向由私人承担采暖费用转变。

二是信贷市场的紧缩政策。我国的经济发展在20世纪90年代
中期曾面临重大困难，权力借贷的现象普遍，导致银行货币大量
流失，市场借贷不足，通货紧缩严重。朱镕基总理接管央行，重
建金融制度，约束信贷，使得我国经济平稳度过通货紧缩，得到
持续发展。在约束信贷的政策下，节能贷款和一些优惠政策被大
笔取消。在这个意义上说，建筑节能的激励一定是与国家的金融
体制有密切关系的。

实际上，国家对建筑节能的财政投入需要综合考虑环境、能
源、经济、社会等多方面因素，有限的财政资源必须被用到最
需要的地方，虽然建筑节能从20世纪80年代开始，但是相对国民
经济与社会发展的其他因素来看，建筑节能的要求并没有那么迫
切，直到近几年，由于能源供需矛盾与建筑能耗的环境问题的逐
渐凸显，使得建筑节能成为影响社会、经济、环境协调发展的主
要障碍，同时经过长期的经济快速发展，国家财政和地方财政逐
渐充足，尤其是进入2003年以后，经济发展的累积使得国家和地
方财政相对充足，有能力开始加强对建筑节能的补贴与激励。

3.2.2　建筑节能补贴激励的原因

从经济学来说，建筑节能的政府监管与激励的性质相同，都
是对市场的干预，只是手段不同，一个是大棒，一个是胡萝卜。

前文所述，建筑的节能性能是建筑的多"质"之一，与其他
各"质"没有本质的区别。我国建筑市场化转型后，建筑或房屋
被清晰地界定为私产，建筑的供给与需求完全由市场决定，政府
不进行干预。建筑的节能之"质"作为商品的性能属性，价格完
全由市场决定，政府本不必监管建筑节能，也不必进行补贴和激
励。为何政府要监管与激励建筑节能呢？原因有以下几点。

首先，政府掌握能源的储量、生产、消费的信息，而能源资
源的勘探有很大的不确定性，出于对能源供给不足、能源价格上
涨的普遍预期，政府要制定建筑节能标准，减少能源需求，缓和
供需矛盾，减少因能源供需矛盾所导致的经济损失。

其次，政府管制建筑用能价格，价格向上调整有顽固性。例
如，我国居民用电价格管制使得涨电价的社会阻力大。随着我国
放开对煤炭价格的管制，煤炭价格的上涨就没有电价上涨那么困
难（不是说居民不会抱怨煤炭价格上涨导致的采暖费用增加，而

是煤炭价格由市场供需双方决定，价格的波动双方都要接受）。电价上升的顽固性带来的巨大损失，导致建筑用电量上升，加剧了电力的供需矛盾。反之，电价下跌得不够，电力设施闲置不用或者部分负荷工作（发电效率降低），同样会带来巨大的经济损失。因此，我国建筑节能监管有一个明显的现象，即能源供需矛盾突出时加强管制，能源供需矛盾缓和时放松管制。

第三，环境影响的成本没有完全反映到能源生产过程中。二氧化硫、粉尘等的治理成本并没有完全反映到用能价格中，这带来的主要问题之一是压制电厂发电价格，使得电厂无法消化治理环境污染的费用。

一些人认为电力价格对国家的经济与人民的生活影响巨大，因此政府应管制电价，减少电价的波动。汽油同样对国计民生有重要影响，但是汽油价格是随国际石油市场价格不断波动的，电力重要不能成为价格不能波动的理由。

《中国建筑节能经济激励政策研究》一书中举了一个美国加利福尼亚州能源危机的例子。2001年美国加州由于发电容量下降，电力需求增加，同时，天气干旱，水电资源减少了35%，从太平洋西北公司可输入的水电资源下降了53%，加上加州电力市场化，存在严重缺陷（文中没有指出是什么），使得2001年1月的电价比1999年7月增长了300%，爆发能源危机。然后加州通过采取一系列有效的能源需求侧管理政策和激励政策，削减了高峰负荷，减少了能源需求，能源价格回到以前的水平。❶

把电力市场化作为导致能源危机的一个诱因是站不住脚的，常识是如果能源价格不是因为能源供给的大幅波动而上涨了300%，使得用能的代价高昂，加州是不可能单纯通过能源需求侧管理政策和激励政策而达到能源价格调整的满意效果。加州电力市场化，电力价格根据能源供给的波动而调整才是度过能源危机的主要原因。❷

3.2.3　政府的补贴激励与市场的价格准则

建筑节能的研究者大多希望政府对建筑节能进行经济激励，认为市场缺乏建筑节能的经济动力，需要政府的介入来促进建筑节能的发展。但是，从经济学的角度来看，建筑节能之所以缺乏动力，是因为能源价格无法完全反映用能成本，建筑供热收费安排无法鼓励降低实际能耗量，问题的关键不是市场失灵所以需要政府的经济激励，而是政府的能源价格管制干扰了市场的正常运

❶　武涌，刘长滨，等，《中国建筑节能经济激励政策研究》，第129页。

❷　《资治通鉴》记载的例子：古时，数州大饥。一州出政令，禁止哄抬粟价，违者斩。其他州纷纷效仿。但有一个州没有这样做，于是有吏告这个州的长官，须采取相同策略，稳定物价。但这个长官不管，随便粟价涨。几个月后，这几个州的人没有吃的，不是饿死，就是逃难去了。只有这个没有禁止哄抬粟价的州县，不断有商人运粮食过来，虽然也有饿死的人，但这个州的人基本还是保全下来了。这是经济学的道理。

作，解决方法是取消价格管制，恢复市场的价格准则。

政府的经济激励和市场的价格准则都可以降低实际的能耗量，但是效率大不相同，经济激励的交易费用远高于价格准则。例如一栋办公楼，通过精心的节能设计、施工与运行管理，政府的经济激励是2元/（$m^2 \cdot a$），用电量比当地普通办公楼节省了20[kW·h/（$m^2 \cdot a$）]，电价按0.5元/（kW·h）算，这栋楼的节能回报是12元/（$m^2 \cdot a$）[20kW·h/（$m^2 \cdot a$）×0.5元/（kW·h）+2元（$m^2 \cdot a$）]。如果取消电价管制，采用市场的价格准则，电价提高10%，节能量也是20kW·h/（$m^2 \cdot a$），此时电价是0.6元/（kW·h），节能回报也是12元/（$m^2 \cdot a$）[20kW·h/（$m^2 \cdot a$）×0.6元/（kW·h）]。同样的节能量，同样的节能回报，但是执行的效率却大不相同。

以经济激励来达到该效果，把2元/（$m^2 \cdot a$）的钱补贴给业主，需要业主提交申请、政府相关部门接受、审核、验收、协调补贴资金落实等一系列量度、审核、执行、监管等交易成本，且不说过程中容易出现腐败现象，就是正常的手续走完，恐怕也要很长时间。为了发放2元/（$m^2 \cdot a$）的补贴资金，执行和监管的成本远高于此。

以市场准则来达到该效果，只要把电价提高10%（环境成本完全反映到电价中），成本微不足道。让电价反映市场需求、反应环境成本，市场会自发地对建筑节能予以恰当的奖励，及时且适当，不需要政府监管，不必担心腐败。市场的价格准则准确而高效，相当于政府激励的2元/（$m^2 \cdot a$），不需要审核、不需要监管，却能准确地送到那些真正实现了节能的建筑师、业主、用户手上。

3.3　环境影响的代价

3.3.1　外部性理论与经济激励

外部性理论（externality）又称外部效应理论，是对建筑节能进行经济激励的理论基础。

外部性理论起源于新古典经济学家阿尔弗雷德·马歇尔（Alfred Marshall，1842～1924年），20世纪初英国经济学家阿瑟·塞西尔·庇古（Arthur Cecil Pigou，1877～1959年）提出的应对之策是由政府进行干预，向制造损害（或受损）的一方收税（或给予补贴）。庇古的方法实际上是政府通过经济手段对市场的直接干预，是政府建筑节能经济激励的理论基础。

罗纳德·科斯（Ronald H. Coase，1910～2013年）是新制

度经济学的开创者之一，1959年写作《联邦广播委员会》(*The Federal Communications Commission*)，关于外部性与产权界定，经济学研究的重镇——芝加哥大学的众多经济学大师一致反对。1960年春季的一天晚上，在芝加哥大学元老戴维德（A. Director）家中展开激烈辩论，科斯获胜，这是经济学发展史上重要的里程碑。❶

新制度经济学认为可以通过产权界定，采用市场交易的方法解决外部性问题，这就是"科斯定理"（Coase Theorem）。1973年，张五常发表《蜜蜂的神话》(*The Fable of the Bees: An Economic Investigation*)，指出蜜蜂传播花粉过程中看似存在外部性问题，但是只要明确地界定为私产，市场就会以交易的方式使资产的使用达到最高的价值而完全没有外部性问题，所谓外部性问题只是经济学者的想象。

建筑能耗环境污染的外部性问题可以通过产权界定，用市场的办法来解决，不需要政府的经济激励。达到同样的效果，政府干预的效率远低于市场自发的效率。例如，建筑采用节能措施可降低终端用电量，从而减少电厂发电的空气污染和温室气体排放，具有正的外部效应，一些文章根据外部性理论，认为有正外部效应就需要政府的经济激励，因为整个社会享受了节能的好处，却需要建筑业主独自承担节能成本的增加，政府应该按该建筑的节电量给予一定的补贴。

但是，为了使办公楼达到节能量20[kW·h/（m²·a）]的效果，把电价提高10%是效率更高的选择。电价提升10%，既降低了终端的建筑用电量，又弥补了发电厂采用脱硫、除尘等措施的成本，能促进发电和用电两端都采用节能环保措施。反之，若采用政府经济激励，不仅要对终端用户进行经济激励，而且要对发电端进行监管，大幅地增加了监管、量度等交易费用。

电价提升10%，让该办公楼中用电的人承担环境治理的成本，符合"谁污染谁付费"的原则，公平且有效率。补贴该办公楼，意味着所有纳税人分摊该办公楼用电的环境成本，不公平且低效率。

3.3.2　建筑用能的社会成本

建筑能耗的环境污染是社会成本问题。社会成本（social cost）是与私人成本（private cost）相对的，"是指一个人的行为是按自己个人的利益与成本作决策的，外人或社会受到的影

响他可能不管，或者要管也管不来。这个人的行为可能对社会有
利，但不一定收到回报；他的行为可能对社会有损，但也不一定
要负责任"。❶

　　社会成本问题是一种非常普遍的现象，在现实中随处可见。
随手乱扔垃圾的人，只考虑自己的方便，却会造成他人视觉心理
的损害；街边占道摆摊售卖的小贩，只考虑自己的收入，不考虑
对他人交通出行的妨碍；大跳广场舞健身的人们，只考虑自己的
健康，不在乎对周边居民的噪声干扰；住宅楼底层的临街餐馆，
只考虑降低自己的运营成本，把厨房的油烟排到楼上居民的家中。

　　社会成本问题的成因千差万别，需要不同的处理方法，原则
是采用"科斯定理"，界定污染的权利，让个人或企业承担社会
成本，即"谁污染谁付费"，采用何种解决方法主要看交易费用
的大小。社会成本问题绝不意味着一定要由政府来监管、征税或
补贴，这是社会成本问题最大的误解。乱扔垃圾等琐碎行为随机
性大、隐蔽性强，依靠政府监管无从取证，即使有人举报，当事
人已逃之夭夭，琐碎行为的监督一般交给道德规范，依靠社会力
量，以他人的监管代替政府的监管；街边占道摆摊侵犯了城市公
共空间，事实清楚、证据确凿，政府监管的执行力较佳；广场舞
的噪声干扰了周围居民，但完全禁止广场舞，又影响了居民的健
身活动，适当的处理是政府规定广场舞的时间、噪声等级和距
离，给有争议的双方提供仲裁的依据。

　　底层餐馆的油烟干扰了上层的居民，完全靠道德说教显得过
于薄弱，可行的办法是政府规定餐馆厨房的排油烟管道中加入除
油烟装置并随时抽查。除油烟装置增加了餐馆的经营成本，当只
有个别的餐馆安装除油烟装置时，一般不会提高菜价，因为其他
的餐馆未提价，市场竞争下单独提价会导致客人离开，但是，如
果所有餐馆都安装了除油烟装置，餐馆的菜价一定提升，因为所
有餐馆的经营成本都增加了，此时顾客要付出额外的代价，这代
价是清洁空气的成本。有人可能会说，清洁空气是所有人都能享
受到，可代价却是餐馆的顾客去付，这是不公平的。这种观点不
对，排油烟的污染是因为有人去餐馆吃饭，除油烟的成本自然是
要由顾客承担，"谁污染谁付费"是环境治理的基本原则。

　　餐馆油烟干扰的例子说明，环境治理的成本可以反映到商品
的价格中，让使用商品的人支付环境治理的成本，不需要对餐馆
安装除油烟装置进行经济激励和财政补贴，不需要对餐馆的菜价
进行干预，更不需要约束顾客吃多吃少。现实中从没看到因一个

❶　张五常，《经济解释》卷三"制度的选择"，第27页。

人的身材胖瘦来制定基本饭量，超过了加价收费；餐馆里的菜价也从不采用梯级收费——量越多价越贵，而是量多打个折扣；现实中从没见过顾客进门先问其收入，按收入的不同拿不同的菜单来，而是大家拿着同样的菜单，付着同样的价格；现实中从没见过因为炒菜会排放油烟而约束顾客的食量，吃多吃少任君自便。收入高的人点的菜会比较精致，但可能食量甚小，造成的油烟排放少；收入低的人可能是个大肚汉，喜食油腥，造成的油烟排放多。重要的是菜价中已经包含了除油烟装置的成本，吃得多的人多分摊，吃得少的人少分摊，不吃的人不分摊，个人成本与环境代价（社会成本）挂钩，环境污染问题不是问题。

餐馆的油烟干扰与电厂的污染物排放类同，一个是增加除油烟装置，一个是增加除尘除硫设施。如果电价像菜价一样，在市场竞争下，将除尘除硫设施的成本完全反映在电价中，那么政府就不需要对建筑节能进行经济激励，不需要约束公共建筑的用电定额，不需要制定居住建筑的梯级电价。这些政府监管和激励措施的成本相当高昂——建筑节能经济激励的标准制定、节能量的量度与监管、资金的补贴与发放都需要大量的成本。何况建筑实际运行能耗的监管非常困难，一些"节能建筑"不节能，不过是打着节能建筑的旗号骗取补贴，挂羊头卖狗肉。公共建筑的用电定额管理需要大样本的统计调查才能获得当前的平均能耗数据，但是一刀切的用电定额管理很难反映当前的实际情况，更困难的是当经营状况发生变化时，用电定额很难及时改变。例如经济上行，用电定额会偏低；经济不景气，用电定额会偏高。居民用电的梯级电价需要更换电表，采用新的算价方式，无疑增加了交易费用。采用梯级电价的原因之一是认为高收入的人用电量较高，应该多承担环境治理成本。问题是高收入的人未必用电量一定高，就像高收入的人饭量未必大。高收入的人可能在办公楼的时间多，可能去购物的次数多，可能去国外度假的时间长，实际的居住用电量可能很少。老弱病残的低收入群体在居室里的时间较长，长期卧病在床需要稳定的室内温度，实际的居住用电量可能很高。

梯级电价是政府电价管制下才可能出现的现象，没有政府的电价管制，不可能出现梯级电价，梯级电价不可能在市场交易中成交。购买的量越多，收的价越高，买方不可能愿意买；销售的量越少，付的价越低，卖方不可能愿意卖。2015年初我国启动电力体制改革，基本架构是"管住中央、放开两头"，即中间的输配电网由政府管制，输配价格由政府制定，发电端和用电端引入市场竞争，形成市场定价，这是正确的改革道路。如果电力体制改革成功，发电端环境治理（脱硫、除尘设备等）的成本会导致发电价格上升，但上升的幅度会受到发电企业间竞争的约束。用电端的市场竞争一定会淘汰梯级电价，改为根据不同的情况选择不同的用电合约。发电端的环境治理成本一定会反映在用电端的价格里，极大地促进节能建筑的发展，建筑电耗的环境成本由用电者承担，多用多缴费，少用少缴费。实际用电量少的高收入群体不会在市场定价中得利，因为用电量少，单价会贵些；实际用电量高的低收入群体也不会在市场定价中损失，因为用电量大打折扣，单价会低些。重要的是环境代价（社会成本）与个人成本挂钩，完全不需要政府的节能监管，完全不需要政府的节能激励，完全不需要政府的用电定额。

可能有人会认为电厂的脱硫、除尘设施只是应付政府监管才开启，平时并不开启，玩猫捉老鼠的游戏，通过减少运营成本而得利。但电厂之所以不开脱硫、除尘设施，是因为目前发电价格的提升不足以覆盖运行成本，自然会想方设法逃脱监管。如果发电价格的提升足以反映运行成本，自然不会逃脱监管。开启除尘、脱硫设施，不会有损失，不开启除尘脱硫措施，会面临重罚，电厂自然会按照规定运营，这减少了政府监管的难度。

3.3.3　二氧化碳排放的社会成本问题

建筑能耗广受国际关注的社会成本问题是二氧化碳排放。我国的建筑能源主要是电力，而发电的一次能源主要是煤炭，煤炭燃烧所释放气体中的二氧化硫可通过脱硫设施来处理，二氧化碳就不能如此了。煤炭燃烧排出的主要气体是以二氧化碳为主的碳氧化合物，这些气体是不能通过增加"除碳设施"而减少的，即无法通过增加生产过程"除碳设施"的成本，将二氧化碳的环境治理成本反映到定价中，那么二氧化碳排放的社会成本问题该如何处理呢？

第一种办法是征收碳排放税。碳排放税是环境税中的一种，是一种常见的解决社会成本问题的方法，环境治理税实际上是环境治理费。举烟草征税的例子，众所周知，烟草税率远高于普通商品，"寓禁于征"，但为何要限制呢？显然是因为吸烟不利于健康，尤其是二手烟的害处不容忽视。发电机上没有"除碳设施"，香烟上也没有"除尼古丁设施"，无法通过增加生产成本来去除环境影响，更何况尼古丁对吸烟者来说不是"污染"，而是"良药"。原则上烟草税率高于普通商品的部分，是要反映健康受损的代价或导致疾病的治疗成本，烟草税实际上是疾病治疗费，这就带来征税的主要问题，吸烟导致的健康受损代价或疾病治疗成本要怎样准确量度呢？

一些文章以肺部疾病的增加作为吸烟的损失，以肺部疾病医疗费用的减少作为禁烟的社会收益，数据言之凿凿。一个可观察的情况是很多人经常吸烟却完全没有肺部疾病，那就是说吸烟并不一定引起肺部疾病。肺部疾病的增加有多种原因，不一定单是吸烟所引起的，例如长期接触某些化学物品。因此，准确界定吸烟对肺部疾病影响的范围和大小都不可能。不是说吸烟对人的健康没有影响，而是这影响很难通过类似于以增加疾病治疗费用的方法而准确计算出来。日本20世纪60年代曾经发生工厂排放污染气体致使一些居民患肺部疾病，为此政府对工厂征以重税，工厂也因花巨资降低污染而不堪重负。几年后污染大幅降低，但居民肺部疾病有增无减，说明居民患病另有其他因素，政府对工厂污染影响的范围和大小量度错误，后来日本政府降低了工厂的环境污染税。一般而言，社会成本很难得到准确的计算，税率的多少基本是武断的决定。

第二种办法是建立碳排放市场交易。首先是确定某个地区的二氧化碳排放总量，并根据用能量及其他准则给各个企业分配一个的定额，然后企业之间通过碳排放市场交易，购入或卖出二氧化碳排放量。碳排放的总量和定额由政府或第三方制定，碳排放交易的价格由市场决定，政府不干预。

总量和定额可以逐渐下降，促使企业采用节能技术、利用清洁能源，将企业减排收益与社会收益挂钩。碳排放市场交易的主要优势是可以充分发挥各个企业的比较成本优势，例如有些企业在管理和销售上有优势，产量高，但节能技术水平低，有些企业则在节能技术上有优势，产量高的企业愿意向节能水平高的企业购买碳排放量以保证自己较高的销售收入，节能水平高的企业也获得了碳减排的收益。

欧洲对大型的用能企业实行碳排放定额，规定每个企业碳排放的数量，超出部分需要到碳排放交易市场去购买，低于部分可以在碳排放交易市场售出，这是让用能企业根据自身的情况选择碳排放量的多少，这种制度安排是"科斯定理"在实践中的重要应用。2002年，英国自发建立了碳交易市场，有专门从事碳排放交易的公司，如果企业的排放量超出获得的配额，只要通过碳交易市场网络，就可以找到世界各地仍有二氧化碳排放配额的企业。除英国外，欧洲各国目前都有活跃的碳排放交易市场。

碳排放交易在实践中有以下几个问题：（1）监管发电端实际的一次能源量问题。例如美国就曾有以火力发电冒充水力发电，骗取碳减排补贴的例子；（2）环境成本的重复计价问题。如果在发电端已经通过碳排放交易，将减排的成本反映在发电电价中，在用电端就不应该再次计入用电的减排成本，但实际上用电企业也可能会有碳排放的定额控制，再次约束用电企业的用电量；（3）分散量大的工商用户不能采用碳排放市场交易。大型工业企业的用能量比较固定，制定定额较为容易，商业尤其是居住用户用能分散且随意性强，定额管理不可能。

碳排放交易最主要的问题是碳排放量的确定。在同一个国家、地区内部确定碳排放量也不容易，更不要说在不同国家、地区分配碳排放量。各国、各地区的经济、技术、收入水平、生活习惯等差异很大，对环境影响的容忍程度差异也很大，碳排放量的分配变得非常困难，加之发展权的问题，使得碳排放量成为有国际争议的问题。我国的约束条件与西方发达国家有很大差异，不能盲目照搬西方的碳排放量标准。

碳排放税与碳排放交易都需要武断的决定，只是武断的程度有别——碳排放税的武断程度高，不容易准确反映减排的环境影响，税率定得高，压制经济发展，税率定得低，带来环境恶化，同时对清洁能源的鼓励不像碳排放交易那么大，好处是执行成本低；碳排放交易总量控制的武断程度低、灵活性大，能够反映市场对碳排放的定价，平衡经济发展与环境影响，有利于清洁能源发展，但是建立碳排放市场交易的费用不菲。

3.4　节能建筑的设计费用和建造成本

3.4.1　节能建筑的设计费用

建筑节能设计可以使得建筑物充分利用周边的自然条件，采用自然采光、通风，通过保温、隔热、遮阳等设计策略降低自然环境的不利影响，降低建筑物的能源需求，同时，根据周边的气候、地质条件和外部的能源系统，选择并优化用能系统，降低化石能源消耗，提高可再生能源的比例。

　　调动建筑师的积极性和创造性，对于建筑节能的发展有着重要的意义。但是，目前来看，建筑师在建筑设计过程中对建筑节能的关注不足，一些所谓的自然通风设计、采光设计往往流于图面，缺乏相关技术专业的支持。建筑师为西方发达国家的高技术构造和材料所表现出来的形式美所困，对适应我国国情的节能构造和材料缺乏认识，对建筑围护结构的关注仅停留在立面效果的层面，缺乏对其实际热工性能等技术环节的了解。相关技术专业虽然对建筑节能展开了大量的研究，而且取得了一定成果，但和设计师在方案设计阶段的配合不够，如果节能技术仅仅停留在施工图设计这一阶段则失去了前期对整体建筑用能系统优化调节的机会。实际上，这些问题与我国建筑设计收费方式有直接关系。

　　我国建筑设计收费有两种收费方式：一是根据造价的不同，收费取造价的1.6%～4.5%，造价越高，费率越低；二是按照建筑面积收费，设计难度越大，单价也越高。

　　从建筑节能设计收费角度来看，以造价的百分比来收取，鼓励采用先进昂贵的节能技术，导致建筑师做"加法"，增加不必要的节能技术，造价攀升。一些所谓的"节能建筑"不过是罗列技术清单，忽视技术的适用条件，导致"节能建筑"不节能。

　　按照建筑面积收费，可以避免按造价百分比收费的弊端，但是建筑师的设计收费与实际的建筑节能量并没有挂钩。节能设计增加了设计难度，反映在设计单价上有一定提升，是节能设计的回报，但这个回报与实际节能量并没有关系。设计阶段的节能设计依靠的是能耗模拟计算，是在标准工况情况下的理论值，建筑师关注的是节能性能和系统效率，但实际运行的工况千差万别，很可能与标准工况有差距，标准工况下的运行效率在实际工况下可能大幅下降。建筑的实际使用者更关注的是实际节能量而不是节能效率，导致了理论上的"节能建筑"实际节能量并不高。

　　两种收费方式均无法反映运行阶段的节能收益，即一旦达成设计协议，无论建筑的实际运行效果如何，实际节能量多少，均与设计费无关。从鼓励建筑师的节能投入和降低使用阶段的建筑能耗来看，可以采取设计阶段的建筑面积设计费加运行阶段的节能分成设计费，即将原来的面积设计费分成设计阶段和运行阶段两部分：一部分是设计阶段收取的面积设计费，收费标准比原来的低；另一部分是运行阶段按照实际节能量的某个百分比收取的节能分成，既可以鼓励设计师的前期节能投入，也可以保障运营阶段的实际节能量。

3.4.2　节能建筑的建造成本

经过长期的发展，建筑节能的建造成本逐渐下降。以外墙外保温的成本为例，居住建筑外墙保温所广泛采用的聚苯板保温墙体，按照我国原有的节能50％的标准，一般保温层做到60mm左右即可达标，造价在40元/m²左右，提高节能标准，则需要加大保温层厚度，投入也相应增加，按照实际情况统计，大体上保温层每增加10mm，造价增加4～8元/m²，是整个外墙保温费用的1/10～1/5。

公共建筑节能的建造成本更为复杂。可选择的围护结构形式多种多样，而更复杂的是公共建筑的用能系统比居住建筑要复杂得多。一些先进的用能系统和节能技术的市场价格可能大幅变动，这与居住建筑外墙保温的成本不一样，外墙保温的做法固定，市场竞争激烈，市价较为统一。

《建筑节能对建安成本的影响幅度》一文中列举了深圳市2005年以来的几个不同类型的公共建筑节能所增加的建安成本，包括居住建筑、办公与酒店综合体、寄宿制中学、工业园厂房和宿舍四种建筑类型。"均为多层框架结构，说明了不同用途的建筑物，其节能设计因使用要求的不同而异，引起的建安成本增加的幅度也是不同的，增量成本的幅度在9％～23.3％"。❶

居住建筑和公共建筑的节能成本大不相同。

（1）新建居住建筑的节能成本较容易预测，例如节能达到50％或65％，建造费用会增加多少很明确，这主要是因为新建居住建筑节能主要表现在外墙和外窗的传热系数上，在竞争下，增加的费用会趋同，有明确的价格指引，相应的行为不难推断。

（2）既有居住建筑的节能改造费用比较复杂，不仅涉及公共改造的外墙、屋顶部分，也涉及用户自行改造的外窗与采暖等内容，同时由于要改造的居住建筑，大多发生了产权的转变，由原有的单位、集体所有向个人所有转变，改造费用的分摊就成了问题。

（3）相对于居住建筑，公共建筑节能要复杂得多，相应的量度与定价更困难。从新建公共建筑来说，建筑师不容易事前准确判断节能量的多少（公共建筑节能的能耗模拟涉及的变量多，相关参数选择的或大或小，或有或无，对结果影响很大）。一般来讲，设计能耗与实际能耗会有一定的差距，而在公共建筑中更为明显。

❶　黄春霞，建筑节能对建安成本的影响幅度，《建筑经济》，2007年第12期，第18页。

　　（4）既有公共建筑节能改造可以大幅降低运行能耗，但目前公共建筑尤其是商业建筑节能改造中，合同能源管理公司的主要矛盾是存在一定的风险，市场盈利模式不被看好，相应的资金难于筹集。同时，节能量存在动态变化，很难控制运行管理的不确定因素，再加上缺乏第三方认定机构，合同能源管理中存在虚报节能量的现象。

第 4 章

权力界定与建筑节能监管

4.1　建筑节能的责任与利益

4.1.1　设计、建造、运行中的利益分离

建筑节能的目标是降低建筑物全生命周期内的能源消耗和环境影响，其中建造阶段的能耗与使用阶段的能耗呈反比关系，建造阶段能耗高则会提供一个相对较好的建筑热工基础，从而降低使用阶段的能耗。一般认为建筑在使用过程中的能耗占主要部分，提高建造过程能耗来减少使用能耗是合理的选择。

但是，建造能耗与使用能耗又不是一个简单的能耗分配问题，还涉及不同主体建筑节能的责任与义务问题。建筑的投资、设计、施工、使用是不同的利益主体，这就造成了从经济角度来说只关心建造能耗或使用能耗，而很少有从全寿命周期能耗来考虑节能问题的动机和愿望。使用过程所造成的高能耗和环境污染与建造过程密切相关。"英国建筑工业所面临的困境之一，是建筑的产权、设计、施工和使用相互分离。设计师无须为能源消费付账，大多数时候，建筑的业主也不用操心，因为在一般情况下，都是谁住谁付钱。……由于许多商业建筑的建造都带有一定的投机性质，因此，建筑师很难确切地知道住户真正的能源需求量。妥协的结果是，采暖方式、建筑方位、控制系统、保温措施等，只能达到最低的法定标准"。[1]而一般用能产品的投资、设计、生产都是由同一个企业来完成的，节能的责任和利益关系要简单得多。

由于建筑的开发、设计、建造、使用中的利益主体各不相同，在某些情况下，对各自利益的追求往往与全生命周期内能耗目标相违背。例如，如果缺乏对建筑节能信息的披露，消费者获取建筑物能耗信息的成本高，可能导致开发商或建造商的欺骗行为。

4.1.2　节能设计责任与利益的分离

从知识与教育背景来看，建筑师希望提高建筑节能设计水平，但却缺乏建筑节能设计的动力。建筑节能设计将会花费一定的精力和时间，尤其是利用自然采光通风的被动式节能设计，需要详细调查当地的自然条件，收集各种气候、自然环境等资料，但很少有针对被动式节能设计的激励政策，相反采用主动式的节能策略却更容易受到奖励。实际上，节能设计的原则应是以被动式为主，在被动式设计满足不了人的需求的情况下，再寻求主动式节能设计的解决方案。

❶ ［英］布赖恩·爱德华兹著，周玉鹏、宋晔皓译，《可持续性建筑》，第66页。

建筑节能设计的优劣对建筑物的使用能耗具有很大的影响，既可以简单地照搬常用的工程图集达到一般的要求，也可以在建筑物的材料、构造、围护结构形式、用能系统组织等方面精心设计，使得建筑物与特定的气候条件、场所特征、功能使用等结合起来，将节能设计与建筑设计紧密结合起来，使得建筑节能与环境性能实现双赢。我国建筑师的设计任务量大，设计周期短，这种客观条件使得我国的建筑节能设计总体来说水平不高，缺乏节能设计创新的条件，同时节能设计没有回报，使得建筑师缺乏创新的动力。

节能设计审查可以防止建筑师节能设计上的疏漏，但是对提高建筑师节能设计水平的促进作用有限，因为对建筑师来说达到节能设计最低标准通常照搬常用的图集即可，而任何节能设计上的创新都可能带来节能设计上的复杂化。因此，在节能设计缺乏回报的情况下，节能设计最优的策略不是创新，而是按照一般的节能工程做法，使得建筑节能达到规范的要求即可。

4.1.3　政府负责制与建筑师负责制

节能设计审查是建筑节能的政府负责制，即由政府审查节能设计文件的合法性和技术规范。建筑设计的政府责任制是有历史原因的，在改革开放以前，不仅建筑设计院属于政府事业单位，整个工程项目的开发、设计、施工均由政府组织进行，自然需要政府对建筑设计负责。设计院企业化改革以后便逐步转为企业化管理，形成建筑设计的市场化竞争，但是政府一直没有放弃监管建筑设计审批的权力，包括合法性审批和技术审查。

随着建筑设计市场化改革的深入，2015年上海自贸区率先试点"建筑师负责制"。所谓建筑师负责制，是指建筑师控制设备选型、材料选取，全程管理监督工程质量，这是国际工程建设的通行做法。但一直以来，我国内地的建筑师基本只参与工程前期工作，如整体构思和设计图纸，对设备选型、材料选取只有建议权，没有决定权，不负责工程建设，政府则成为"技术把关人"，承担了大量本该由市场承担的职责。

试点"建筑师负责制"后，"政府对建筑活动的审批主要包括合法性审批和技术审查，今后将逐渐把技术审查交给专业人士"。❶

西方国家普遍采用建筑师负责制，开发商与建筑师签署总的设计合约，建筑师再与结构、暖通等专业人员签署分项设计协议，建筑师为整个建筑活动负责，具有监管设计、施工全过程的

❶　何欣荣，上海自贸区试点"建筑师负责制"，政府不再"背书"，《新华每日电讯》，2015年11月1日第3版。

权力与责任，便于控制设计和施工质量。我国是开发商与建筑设计院签署设计合约，由设计院统筹各个平行的专业，建筑师没有材料选择和设备选型的决定权，建筑师仅对施工负有技术指导的责任，而不对施工质量负责。各专业平行划分，导致建筑方案设计过程缺乏暖通、空调等专业人员的参与，丧失了方案阶段进行系统优化的机会。建筑师缺乏监管施工的权力，不利于控制节能施工的质量以及修正节能设计的漏洞。

4.2　建筑节能的政府监管

4.2.1　法律法规与标准规范的层级结构

建筑节能的法律、法规、标准、规范等都属于制度安排，制度之间具有层级性，是指从一般规则到具体规则的层级结构。根据规则之间相互的制约关系以及规则制定的主体❶与适应的范围，建筑节能包含法律层、管理层、标准与规范层三个层面（表4-1、图4-1）。

法律层是国家以法律形式固定下来的制度基础，与建筑节能有关的基本法律包括《中华人民共和国节约能源法》、《中华人民共和国可再生能源法》、《中华人民共和国建筑法》。由于建筑节能涉及的内容众多，包括建筑本身的节能问题、能源与环境问题等，因此也有人提议新颁布一部《建筑节能法》，以更好地适应建筑节能的发展。

管理层是中央政府和地方政府根据节能法律制定的建筑节能管理制度，规定了建筑节能管理的主体，中央政府和地方政府在建筑节能管理中的权力与义务。

标准层是建筑节能的核心，其中包括国家、地方、协会标准与规范，国家、地方标准与规范带有强制性执行的特点，国家标准与规范为地方标准与规范的制定提供了依据和范本，而地方标准与规范更符合当地的经济与自然条件，更具有现实可行性。协会标准与规范带有更强的市场特征，带有自愿性质，作为国家和地方标准的必要补充，发挥着重要作用。

❶　按照政府制定机构层级的不同分为四个等级——法律、法规、规章、标准。根据《立法法》的规定：全国人民代表大会及其常务委员会制定的为法律；国务院制定的为行政及地方法规；省、市、自治区、直辖市、较大的市、经济特区的人民代表大会及其常务委员会制定的为地方性法规；省、自治区、较大的市人民政府制定的为地方性政府规章；国务院各部、委员会、中国人民银行、审计署和具有行政管理职能的直属机构制定的为规章及标准。

建筑节能法律法规的立法主体　　　　　表4-1

	法律	行政法规	部门规章	地方性法规	地方性规章
立法主体	全国人民代表大会及其常务委员会	国务院	国务院各部委	省、市人民代表大会及其常务委员会	省、市人民政府
建筑节能法律法规	《节约能源法》《可再生能源法》等	《民用建筑节能条例》等	《建筑节能管理规定》等	地方建筑节能管理条例等	地方建筑节能管理办法等

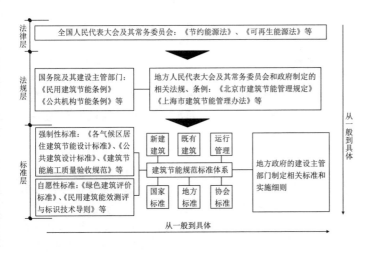

图4-1 建筑节能的法律法规与标准规范体系

4.2.2　建筑节能的全过程监管

我国建筑节能发展的一个特色是政府对建筑节能的全过程监管。《民用建筑节能条例》规定："县级以上地方人民政府建设主管部门负责本行政区域民用建筑节能的监督管理工作。县级以上人民政府有关部门应当依照本条例的规定以及本级人民政府规定的职责分工，负责民用建筑节能的有关工作（图4-2）。"

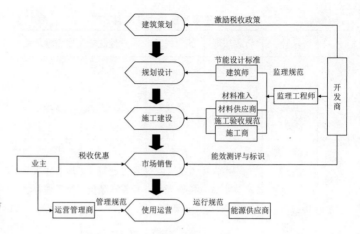

图4-2 政府对建筑节能的全过程监管

4.2.3 建筑节能监管的权力界定

《民用建筑节能管理规定》是建筑节能的基本管理制度，规定了建筑节能的管理体制、市场主体及其责任（表4-2）。

国务院建设行政主管部门负责全国建筑节能的监督管理工作。县级以上地方人民政府建设行政主管部门负责本行政区内的建筑节能监督管理工作。县级以上人民政府有关部门应当依照本条例的规定，互相配合，保证建筑节能工作的顺利进行。建筑节能管理机构负责具体实施建筑节能管理工作。

政府责任包括各级地方人民政府应当编制建筑节能规划，并纳入国民经济和社会发展规划及节能中长期专项规划；加强对建筑节能的监督管理；采取措施，逐步推进既有建筑的节能改造；采取措施，逐步推进既有建筑的节能改造；对既有建筑节能改造、可再生能源利用、更低能耗节能建筑的发展、建筑节能示范工程和推广项目等实施经济激励；鼓励建筑节能的科学研究和技术开发，鼓励发展可再生能源与建筑结合的新技术；推广建筑节能新技术、新工艺、新设备、新材料、新产品，限制或禁止使用能耗高的技术、设备、材料和产品。

建筑节能市场主体包括建设单位、设计单位、施工单位、监理单位及其他与建筑节能有关的单位和个人，应当遵守法律、法规和建筑节能标准，依法对新建建筑符合节能标准负责（表4-3）。

总体来说，我国的建筑节能管理是一种国家和地方、建设行政管理部门和地方政府的双重管理体制，即国务院和住房和城乡建设部制定国家政策、法规、标准，地方政府和住房和城乡建设委员会根据自身情况制定地方规范与标准。地方建设管理部门的监督与行政管理由住房和城乡建设部负责，但住房和城乡建设部对地方建设管理部门没有直接的领导权，没有人事、经费支出等方面的直接控制权。另外，住房和城乡建设部也直接审批部分特大建设项目和试点项目，承担节能与绿色建筑的评比等工作。地方建设管理部门根据国家和地方的法规、标准进行执法工作，主要手段是对违法行为罚款、发放告知书、勒令停工整改、停发施工许可证等。

因此，虽然地方建设管理部门是建筑节能监管措施实施的主体，但地方建设管理部门受地方政府直接领导并对其负责，其人员任命、经费等都由地方政府决定，地方政府对建筑节能负有直接责任。

建筑节能管理的权力与责任 表4-2

相关主体	权力与责任
国务院建设主管部门	全国民用建筑节能的监督管理工作；编制全国民用建筑节能规划；制定国家民用建筑节能标准体系
地方政府的建设主管部门	本行政区域民用建筑节能的监督管理工作；制定地方民用建筑节能标准体系；制订既有建筑节能改造计划；制定供热单位能源消耗指标并监督实施；本行政区域内公共建筑重点用电单位及其年度用电限额
地方政府	安排民用建筑节能资金；引导金融机构对节能项目的支持
建设单位	保证采购的节能材料、设备符合施工图设计文件要求；按照民用建筑节能强制性标准进行查验；集中供热的建筑应当安装供热系统调控装置、用热计量装置和室内温度调控装置；公共建筑应当安装用电分项计量装置
设计单位、施工单位、工程监理单位及其注册执业人员	按照民用建筑节能强制性标准进行设计、施工、监理
房地产开发企业	向购买人明示所售商品房的能源消耗指标、节能措施和保护要求、保温工程保修期等信息，并在商品房买卖合同和住宅质量保证书、住宅使用说明书中载明
国家机关办公建筑和大型公共建筑的所有权人	新建建筑进行能效测评和标识，予以公示，接受社会监督；既有建筑建立节能管理制度和操作规程，对建筑用能系统进行监测、维护，并定期将分项用电量报县级以上地方人民政府建设主管部门

相关主体	权力与责任
建筑所有权人或者使用权人	保证建筑用能系统的正常运行，不得人为损坏建筑围护结构和用能系统
供热单位	改进技术装备，实施计量管理，并对供热系统进行监测、维护，提高供热系统的效率，保证供热系统的运行符合民用建筑节能强制性标准

建筑节能主体的法律责任 表4-3

主体	法律责任	责任认定
地方政府的建设主管部门	对负有责任的主管人员和其他直接责任人员依法给予处分；构成犯罪的，依法追究刑事责任	对设计方案不符合民用建筑节能强制性标准的民用建筑项目颁发建设工程规划许可证的； 对不符合民用建筑节能强制性标准的设计方案出具合格意见的； 对施工图设计文件不符合民用建筑节能强制性标准的民用建筑项目颁发施工许可证的； 不依法履行监督管理职责的其他行为
建设单位	处20万元以上50万元以下的罚款	明示或者暗示设计单位、施工单位违反民用建筑节能强制性标准进行设计、施工的； 明示或者暗示施工单位使用不符合施工图设计文件要求的墙体材料、保温材料、门窗、采暖制冷系统和照明设备的； 采购不符合施工图设计文件要求的墙体材料、保温材料、门窗、采暖制冷系统和照明设备的； 使用列入禁止使用目录的技术、工艺、材料和设备的
	处民用建筑项目合同价款2%以上4%以下的罚款	建设单位对不符合民用建筑节能强制性标准的民用建筑项目出具竣工验收合格报告的
设计单位	处10万元以上30万元以下的罚款；情节严重的，停业整顿，降低资质等级或者吊销资质证书；赔偿责任	设计单位未按照民用建筑节能强制性标准进行设计，或者使用列入禁止使用目录的技术、工艺、材料和设备的

续表

主体	法律责任	责任认定
施工单位	处民用建筑项目合同价款2%以上4%以下的罚款；情节严重的，停业整顿，降低资质等级或者吊销资质证书；赔偿责任	施工单位未按照民用建筑节能强制性标准进行施工的
	处10万元以上20万元以下的罚款；情节严重的，停业整顿，降低资质等级或者吊销资质证书；赔偿责任	未对进入施工现场的墙体材料、保温材料、门窗、采暖制冷系统和照明设备进行查验的；使用不符合施工图设计文件要求的墙体材料、保温材料、门窗、采暖制冷系统和照明设备的；使用列入禁止使用目录的技术、工艺、材料和设备的
工程监理单位	责令限期改正；逾期未改正的，处10万元以上30万元以下的罚款；情节严重的，停业整顿，降低资质等级或者吊销资质证书；赔偿责任	未按照民用建筑节能强制性标准实施监理的；墙体、屋面的保温工程施工时，未采取旁站、巡视和平行检验等形式实施监理的；对不符合施工图设计文件要求的墙体材料、保温材料、门窗、采暖制冷系统和照明设备，按照符合施工图设计文件要求签字的，依照《建设工程质量管理条例》第六十七条的规定处罚
房地产开发企业	依法承担民事责任；限期改正；逾期未改正的，处交付使用的房屋销售总额2%以下的罚款；情节严重的，降低资质等级或者吊销资质证书	未向购买人明示所售商品房的能源消耗指标、节能措施和保护要求、保温工程保修期等信息，或者向购买人明示的所售商品房能源消耗指标与实际能源消耗不符的
注册执业人员	停止执业3个月以上1年以下；情节严重的，吊销执业资格证书，5年内不予注册	未执行民用建筑节能强制性标准的

4.3　设计、建造阶段的节能监管

4.3.1　指令式法规与性能式法规

建筑节能法规包括规定式法规和性能式法规。传统的建筑节能法规是基于规定的（prescriptive-based），又叫作处方式或指令性建筑法规。传统的建筑节能法规以实验分析和实际工程为基础，是工程实践经验和事故教训的总结。这种法规易于理解和实施，便于量度和监控。

新的建筑节能法规是基于性能的（performance-based），性能化建筑的概念自20世纪80年代被提出以来，在理论和实践两方面都取得了长足的进展，对建筑节能的发展产生了重大影响。目前被普遍接受的是吉布森（Gibson，1982）提出的：“性能化建筑首先是一种根据结果而不是根据方法进行思维和工作的方式，它所关心的是建筑物需要做的事情而不是规定如何去建造它。”显而易见，性能式法规增加了灵活性。

性能式建筑法规之所以在建筑节能方面得到广泛应用，是因为建筑节能的问题复杂、不确定因素多，传统的规定式法规难以适应。为此必须增加规范的适应性，而增加适应性是指给建筑企业以更多的选择，以适应灵活的市场需求。

例如，《公共建筑节能设计标准》在建筑热工设计中采用了两种方法的合并——规定性方法和性能性方法。比如，如果所设计建筑的体形系数、窗墙比、屋顶透明部分面积比超出标准规定的范围，那么必须使用权衡判断法来判定围护结构的总体热工性能是否符合节能要求。具体的方法是：首先计算“参照建筑”在规定条件下的全年供暖和空调能耗，然后计算所设计建筑在相同条件下的全年供暖和空调能耗，直到所设计建筑的供暖和空调能耗小于或等于“参照建筑”，则判定围护结构的总体热工性能符合节能要求。“参照建筑”的形状、大小、朝向以及内部的空间划分和使用功能与所设计建筑完全一致。

显然，性能式法规可以使得公共建筑在设计中有更多的选择，适应公共建筑的设计特点，降低了市场的交易费用，但同时也增加了设计过程中计算的复杂性，提高了量度费用。那就是说，规定式法规和性能式法规有不同的量度费用和适应范围，而实际上，规定式法规和性能式法规往往合并采用。

4.3.2　建筑节能设计标准的内容

从建筑节能设计标准的发展来看，20世纪80年代中期住房和城乡建设部开始关注建筑节能问题。1986年颁布了第一部居住建筑节能标准——《北方地区居住建筑节能设计标准》。1993年颁布了第一部公共建筑节能标准——《旅游旅馆建筑热工与空气调节节能设计标准》(GB 50189—1993)。1995年在《北方地区居住建筑节能设计标准》的基础上修订提高节能标准，颁布了《民用建筑节能设计标准（采暖居住建筑部分）》(JGJ 26—95)。1998年《中华人民共和国节约能源法》实施后，建筑节能标准编制工作力度加大，《夏热冬冷地区居住建筑节能设计标准》(JGJ 134—2001)自2001年10月1日开始执行，于2010年修订；《夏热冬暖地区居住建筑节能设计标准》(JGJ 75—2003)自2003年10月1日开始执行，于2009年和2012年修订。2004年中央经济会议后，围绕贯彻落实胡锦涛总书记关于"制定并强制推行更加严格的节能、节水、节材标准"的讲话精神和《国务院今明两年能源资源节约工作要点》，住房和城乡建设部颁布了《公共建筑节能设计标准》(GB 50189—2005)，并于2005年7月1日开始执行，（于2009年和2015年修订）。2010年颁布《严寒和寒冷地区居住建筑节能设计标准》(JGJ 26—2010)，替代《民用建筑节能设计标准采暖居住建筑部分》。至此，我国城镇新建建筑节能设计❶的标准规范体系已经基本形成，建立了覆盖全国四个气候区的城镇居住建筑和公共建筑的设计标准。2013年颁布《农村居住建筑节能设计标准》(GB/T 50824—2013)，（于2015年修订）这些标准为全面开展建筑节能工作奠定了基础。

　　《严寒和寒冷地区居住建筑节能设计标准》对建筑物耗热量指标和采暖耗煤量指标、建筑热工设计以及采暖设计进行了相关规定，主要强调了建筑围护结构保温性能及供热系统的效率。《夏热冬冷地区居住建筑节能设计标准》强调了建筑围护结构的保温隔热性能和建筑通风、外遮阳措施，并对该地区居住建筑采暖、空调方式及其设备的选择做了规定。《夏热冬暖地区居住建筑节能设计标准》强调了围护结构的隔热性能、外遮阳措施以及自然通风。《公共建筑节能设计标准》的主要内容包括室内环境节能设计计算参数，建筑与建筑热工设计，以及采暖、通风和空气调节节能设计。

4.3.3　建筑节能设计标准的对比

1.编制的规则

　　编制的规则是指制定节能设计标准的规则与程序，即如何进行标准的制定，谁能启动标准的变革，由谁来参与标准的制定，以及如何通过标准。编制规则是建筑节能设计标准的"元规则"，

❶　节能50%相对于20世纪80年代初各地通用的建筑设计标准，在保证相同的室内热环境舒适健康参数前提下，全年供暖、通风、空气调节和照明的总能耗应减少50%。对采暖能耗而言，提高节能设计标准意味着实际能耗减少50%。对制冷能耗而言，由于20世纪80年代初普遍没有制冷需求，因此，节能50%并不表现在实际能耗的减少，而是以当时的通用建筑设计标准为依据，按照现在的热工需求进行计算的，其节能50%是一个虚拟值。

是制定制度的制度，在很大程度上决定了标准制定的合理性。

西方发达国家节能标准的制定广泛吸取各个利益主体的意见，例如加拿大《国家建筑节能规范》在编写过程中，得到了各省、地方政府、电力部门、设计单位、房地产开发商、承包商、建筑业主、建筑设备生产厂家等各部门单位的广泛参与，编写出的规范具有广泛的代表性，也更容易为各省和地区相关行业部门采用。德国法规的制定有严格的程序，通常为有关部门提交草案，然后由州政府举行听证，对草案进行研究审议，然后参议会提议，参议会听证，最后如果议会通过，则确实具体实施日期。❶

2.编制的思想

从西方发达国家建筑节能的经验来看，建筑节能设计规范与标准的演变经历了三个阶段——第一阶段控制建筑外围护结构；第二阶段控制建筑的单位面积能耗指标；第三阶段控制建筑的能源输入。三个阶段显示了由部分到整体、由控制能耗输出到控制能源输入、由对单纯建筑能耗量的减少到对建筑能耗种类的区分。例如，为了区别能源输入的种类，促进可再生能源的利用，《欧盟建筑能效指令》规定，对使用可再生能源比例较大的建筑，可以放宽其能耗标准。建筑节能设计规范与标准的演变依赖于经济水平、节能经验、节能技术、数据统计等各个相关方面的进步，并不是一蹴而就的，目前我国还处于从第一阶段向第二阶段的转变过程中。

3.编制的内容

虽然建筑节能涉及设计、施工、运行管理、既有建筑改造等方面，但是我国建筑节能设计、施工、运行管理的标准是分开来编制的，例如建筑节能设计标准内容只包括提高围护结构热工性能，降低供暖、通风、空调的能耗。至于检验建筑是否达到标准的要求，由相关的建筑节能施工标准来鉴别，建筑节能运行管理和既有建筑改造也另有一套标准和规范。

从发达国家建筑节能标准规范来看，普遍将设计、施工、运行管理、既有建筑改造等全部或部分整合在一起进行编制，从而利于它们相互之间的衔接与协调。从美国国家模式规范❷ASHRAE 90.1—2001的内容来看，其建筑节能标准包含全部建造过程的每个环节。涵盖了管理、设计、施工、检验等相关内容。

西方发达国家节能设计规范考虑生命周期费用的经济分析方法或者在规范中加入要求经济分析的内容，例如加拿大《国家建筑节能规范》的制定考虑了气候、能源种类及价格、利率、通货膨胀、建筑物使用寿命、材料价格、空调和供热设备效率等多

❶ 卢求，德国2006建筑节能规范及能源证书体系，《建筑学报》，2006年第11期。

❷ 美国建筑节能标准分为两个层次——国家标准和州内标准。各州在编制州内标准时要遵循国家标准的强制性规定，但具体设计参数规定及限值可以州内自定。各州也可以直接应用国家模式规范。强制性规定是必须要做到的，其他条款一般为自愿遵循。美国国家模式规范用两个标准来涵盖全部民用建筑。ASHRAE 90.1-2001标准适用于公共建筑和4层及4层以上的居住建筑。但不包括工业建筑和3层及3层以下的单户住宅、多户居住建筑。IECC 2000标准适用于低层（3层与3层以下）住宅建筑。

种因素。另外，规范中的节能措施还考虑了不同区域的人力、建材、能源等价格的不同，把全国划分为34个区域，寿命周期费用分析也是建立在各个区域的相应参数基础上进行的，保证了节能措施的经济合理性。

我国节能设计标准中的围护结构设计方法、思路已经与国外的标准思路趋向一致，也采用规定性方法和性能性方法，如果建筑设计（特别是窗墙比）符合标准中规定的范围，设计者可以方便地查取围护结构达标的热工参数；否则设计者可以按照标准规定的计算方法，采用参照建筑的途径，获得达标的围护结构热工参数。不过，在暖通空调节能设计方面还没有采用性能性方法。

4.3.4　建造阶段的节能监管

在以往的建筑节能监管中发现，一些建设方采取送审是一套图纸，而实际施工又是另一套图纸的"阴阳图纸"办法。为了杜绝这种现象，政府把节能设计标准审查与建筑节能施工与验收结合起来，形成闭合管理。为此，住房与城乡建设部于2007年开始实施《建筑节能工程施工质量验收规范》（GB 50411—2007），2009和2015年更新。其主要原则是"技术先进、经济合理、安全实用和可操作性强，推动在建筑工程中推广装配化、工业化生产的产品，限制落后技术，并使复验数量尽可能少，现场实体检验少，通过抓设计文件执行力、进场材料设备质量、施工过程质量、系统调试与运行检测，形成设计、施工、验收三个环节闭合控制，以提高建筑节能质量"。

《建筑节能工程施工质量验收规范》（以下简称《规范》）编制的主要负责人，建筑科学研究院研究员宋波认为，可操作性强是《规范》得到评审专家高度评价的重要原因，降低了监管中的量度费用。《规范》的一大创新是"首次提出将钻芯法作为现场检验的一种手段。第14章'建筑节能工程现场实体检验'中规定，建筑围护结构施工完成后，在节能分部工程验收前，应对围护结构的外墙节能构造进行钻芯法检验。钻芯法检验较传统做法更直观，操作简单，不需要使用复杂的实验仪器和复杂设备，而且复现性好，同时由于抽样少也具有价格上的优势"。❶

❶ 构筑完满节能闭合环路——中国建筑科学研究院研究员宋波谈《建筑节能工程施工质量验收规范》，中国建设报网站，2007-07-17，http://www.chinajsb.cn/gb/content/2007-07/17/content_215603.htm。

4.4　运行阶段的节能监管

4.4.1　建筑能效标识制度

建筑能效标识是指将反映建筑物用能系统效率或能源消耗量

等热性能指标以信息标识的形式进行明示。建筑能效标识制度是指按照建筑节能相关标准和技术要求，以及统一的评测方法和工作程序，通过对建筑物能源消耗量进行检测或评估等手段，进行标识的活动。

2005年11月，建设部颁布《民用建筑节能管理规定》，其中第十八条规定"房地产开发企业应当将所售商品住房的节能措施、围护结构保温隔热性能指标等基本信息在销售现场显著位置予以公示，并在《住宅使用说明书》中予以载明"。

2006年颁布了《国务院关于加强节能工作的决定》（国发[2006] 28号），第二十五条规定"完善能效标识和节能产品认证制度。加快实施强制性能效标识制度，扩大能效标识在家用电器、电动机、汽车和建筑上的应用，不断提高能耗标识的社会认知度，引导社会消费行为，促进企业加快高效节能产品的研发。推动自愿性节能产品认证，规范认证行为，扩展认证范围，推动建立国际协调互认"。随后，住建部颁布了《关于贯彻〈国务院关于加强节能工作的决定〉的实施意见》，规定"建立新建建筑市场准入门槛制度，对超过2万㎡的公共建筑和超过20万㎡的居住建筑小区，实行建筑能耗核准制。建立和完善建筑能效评测标识制度，制定《建筑能效标准管理办法》及《建筑能效标准技术导则》，选择若干试点城市进行示范，总结经验，逐步推广"。

在《建筑节能管理条例》中，对建筑节能的认证、标识作出了详细规定，包括以下内容。

第三十条　房地产开发企业能效标识责任

房地产开发企业在销售商品房时，应当向买受人明示所售商品房的耗热量指标、节能措施及其保护要求、节能工程质量保修期等基本信息，并在商品房买卖合约和住宅使用说明书中予以载明。房地产开发企业应当对所明示的基本信息的真实性、准确性负责。

第三十一条　政府办公建筑和大型公共建筑强制能效测评

政府办公建筑和大型公共建筑在竣工验收前，建设单位应当委托建筑节能测评单位进行建筑能效测评，达不到建筑节能标准的，不得竣工验收。

第三十二条　更低能耗建筑自愿能效测评

国家鼓励采用严于建筑节能标准的建筑材料、用能系统及其相应的施工工艺和技术。对严于建筑节能标准的建筑物，建设单位可以根据自愿原则，向建筑节能测评单位提出更低能耗建筑测评申请，经测评合格后，取得更低能耗建筑测评证书，在建筑物的显著位置使用测评标志。

4.4.2　建筑能效标识的方法

建筑能效标识是降低节能建筑交易费用的制度安排，可以起到明示建筑能耗状况、降低建筑能效信息费用的作用；对开发商起到管理、监督和激励作用，是实施建筑节能经济激励政策的基础。建筑能效标识与一般用能产品的能效标识相比，具有一定的特殊性。首先，建筑能耗由多方面组成（水、暖、气、电等），并非耗电的单一计算；其次，建筑是特殊性商品，无法在实验室或工厂进行复制再现，因此标识难度高，标识方法有别于制造产品；第三，不同的地域和气候条件，建筑形式差别大，各类建筑能耗所占的比重大不相同，建筑能效标识的指标要求也不相同；最后，建筑标识需要软件模拟和现场检测，工作技术含量高，复杂程度高。

建筑能效标识共有四种方法，包括保证标识、等级标识、连续性比较标识、单一信息标识。

保证标识又称为认证标识或认可标识，主要是对数量一定且符合制定标准要求的产品提供一种统一的、完全相同的标签，标签上没有任何具体信息。保证标识只能保证产品达到标准要求，而不能表达达到程度的高低。保证标识一般是自愿的，仅仅应用于某类的用能产品。例如美国的能源之星（Energy Star）为保证标识。

能效等级标识使用分级体制，为产品建立明确的能效等级，使消费者只需查看标识，就很容易知道这种型号的产品与市场上同类产品的相对能效水平，并了解它们之间的差异。美国LEED标识属于这种标识。

连续性比较标识在使用度量（如年度能耗量、运行费用、能源效率等）的同时，通常使用一个带有连续刻度的比例标尺，标尺上标出购买此类产品的最高和最低效率值，同时在标尺的某一位置带有一个箭头，以指示出该种型号产品的具体能效数值及在市场中所处的能效水平。欧盟国家一般采用这种标识方法。

单一信息标识上只有产品的年度能耗量、运行费用或其他重要特征等具体数值，而没有反映出该产品的能效水平，没有比较的基础，不便于消费者进行同类产品的比较和选择。例如爱尔兰的标识❶就属于这种表示方法。

❶　爱尔兰的标识体系名称为ERBM（Energy Rating Bench Marking），由一个私人组织National Irish Centre for Energy Rating（NICER）于1992年在欧盟的资助下成立，以建筑的每平方米能耗作为指标。该体系完全由市场来推动，一般由提供该能源的燃气公司进行标识。

4.4.3　建筑用能系统的管理

从各国的统计数据和调查研究来看，建筑全生命周期能耗主要发生在使用阶段，而使用阶段的能耗发生在建筑物的用能系统上，提高用能系统的运行效率对减少建筑能耗具有重大意义。

通过对我国北方地区采暖居住建筑的调查，集中供热系统效率低下是导致采暖能耗居高不下的主要原因，同时供暖还存在冷热不均的现象。❶根据模拟分析计算，当满足最冷房间温度不低于16℃要求时，由于部分区域的过热导致的多供出的热量为总供热量的20%～30%。集中供热系统总的供热参数不能随气候变化及时调整，造成供热初期和末期气候转暖时过度供热，造成热损失。这部分损失根据运行调节水平和系统规模的不同，一般为总供热量的3%～5%。❷

相对而言，公共建筑尤其是大型公共建筑，通过用能系统运行管理降低建筑能耗的潜力更大。建设行政主管部门应当组织对本地区公共建筑用电情况的调查、统计和分析，确定重点用电单位，并根据重点用电单位的历年用电情况、节能潜力等因素，确定每年的节电量及相应的奖惩措施。根据不同建筑类型、建筑物的用电状况等因素，制定政府办公建筑和大型公共建筑用电定额，作为公共建筑用电管理的依据。国家对采用空调制冷、制热的公共建筑实行室内温度控制制度。建设行政主管部门应当制定本地区具体室内温度控制指标和管理办法，并监督实施。

西方发达国家，普遍关注建筑用能系统的运行管理。为了加强建筑运行节能管理，提高能源利用效率，不仅欧盟各成员国制定了一系列建筑物用能系统节能技术导则，整个欧盟还成立了节能指导委员会，来推动节能工作的开展。

例如，欧盟《建筑能效指令2002/91/EC》制定了锅炉检查制度：为减少能源消耗和二氧化碳排放，成员国应制定相应措施，定期检验使用不可再生液体或固体燃料、功率为20～100kW的锅炉，也可对使用其他燃料的锅炉进行检验。功率大于100kW的锅炉至少应每两年检验一次，燃气锅炉的检验可延长到四年一次。对功率大于20kW且使用年限超过15年的锅炉，应由专家对整个供暖系统进行一次彻底检查，对锅炉的效率和容量是否与供暖系统相匹配进行评估。然后，专家应对用户提出更换锅炉或改造供暖系统的建议，或提出其他一些可行的方案。各成员国应要求用户采取相应措施来实施专家的建议。对这些老旧锅炉的处置，要求各成员国每两年向欧盟委员会报告一次。

❶ 我国大部分集中供热系统的建筑物内采用单管串联方式或改进的单管串联方式，基本不具备末端调节手段。由于同一供热系统内的建筑物各房间的散热器面积与房间的热负荷之比并不完全一致；实际流量与设计流量不完全一致；流量与供水温度不能准确地随气候变化而改变；以及建筑物内部区域由于太阳热及其他热源造成局部过热等原因，系统普遍存在不同建筑间的区域失调，建筑物内的水平失调，以及不同楼层间的垂直失调。

❷ 江亿，我国供热节能中的问题和解决途径，《暖通空调》，2006年第3期。

第 5 章

交易费用与供热收费安排

5.1 现状与问题

5.1.1 供热收费研究的现状

我国的供热体制改革始于福利供热向市场供热的转变，认为热是一种商品，收费安排应从按面积收费转变为按热量收费，为此，改革走过了曲折的道路——开始大力推广分户计量，认为有利于推动用户的节能行为和既有建筑的节能改造；后来意识到分户计量有很大的管道改造、热表安装、算价、计量、收费等成本，转为提倡先分栋计量，再分户计量。

但是，改革进行了十多年，面积热价仍大行其道。"据统计，自2008年以来，有9.2亿㎡的新建建筑没有按照要求安装供热计量装置，占全部新建建筑的41%。已经安装供热计量装置，但没有进行计量收费的面积约为5.5亿㎡，占已经安装供热加量装置面积的35%"。❶2008年以前的既有建筑，大部分是按照面积热价来收费的。

针对供热收费安排转变出现的问题，研究者提出了各种解释和政策建议。住房和城乡建设部科技与产业化发展中心的戚仁广认为供热计量改革进展缓慢，原因是价格机制不健全——成本加成的价格形成机制缺乏对成本的约束；激励机制不健全——供热价格和成本长期倒挂，供热企业多数亏损，严重影响供热企业计量收费的积极性；约束机制不健全——供热没有上位法，对不安装计量装置和安装后不计量收费的行为，没有处罚依据。❷

北京市热力集团有限公司的巩彦军认为热计量改造的费用高、难度大，没有健全完善的热力成本核算体系，供热价格与供热成本不契合，缺乏热计量的配套政策，缺乏热计量设计、安装、测试的监督，缺乏既有建筑热计量改造的激励机制。提出的建议是将热计量收费作为工作重心，针对不同取暖用户实行不同的收费模式，两部制热价中的固定费用和计量费用采取不同的缴费方式；健全热计量表的安装与收费的监管机制，完善激励机制以及创建热计量服务市场；采用远程抄表、建立电子档案等措施，将热计量收费纳入相关人员的业绩考核指标中；建立热计量改革的法律保障体系、提升热计量相关技术标准。❸

王军社等调查和探讨了咸阳市集中供热价格调整及定价机制，指出现行集中供热定价没有按照企业完全成本制定，煤炭价格快速上涨，企业供热成本居高不下，但居民用热价格涨幅不大，不足以弥补供热企业所增加的成本。❹河北省供热价格联合

❶ 戚仁广，供热计量改革体制机制研究，《建设科技》，2015年第2期，第15页。

❷ 戚仁广，供热计量改革体制机制研究，《建设科技》，2015年第2期，第14~15页。

❸ 巩彦军，城市供热计量与收费管理模式研究，《经济管理者》，2015年第30期，第120~121页。

❹ 王军社等，咸阳市集中供热价格调整及定价机制探讨，《价格与市场》，2012年第1期，第26页。

调研组通过省内调查后认为缺乏统一的计价方式，存在按建筑面积、套内建筑面积、使用面积和折减一定比例后的建筑面积等多种计价方式。热费收缴率较低，资金回流慢，给企业的正常经营造成困难。❶

天津大学环境科学与工程学院的蒋昌文等以天津市为例，对两部制热价的影响因素进行分析，研究热费随单位面积耗热量定额和固定热价比例的变化规律，结果表明在按面积收费且热价一定的情况下，用户退费率仅受单位面积耗热量定额的影响，而用户退费额率同时受单位面积耗热量定额和固定热价比例的影响。当固定热价比例较小时，单位面积耗热量定额的较小变动，会引起用户退费额率的较大波动。❷

5.1.2　供热收费研究的问题

当前供热收费的研究基于会计学的成本核算，例如天津市河北区供热燃气公司的韦建忠探讨了单位热价的制定问题，认为热价的制定应采用固定热价和计量热价的两部制定价方法，并详细探讨了固定热价和计量热价的定价方法和公式。❸张沈生等探讨了两部制热价的制定方式，调查燃料费、电费、水费、人工费、修理费、管理费、折旧费，通过计算面积加权平均供热成本、成本因素定额，进行供热成本测算，并以建筑物实际耗热量指标进行供热成本转换，作为两部制热价的制定依据。❹高鸣选择具有代表性的供热企业作为样本，综合考虑其供热形式、企业性质、供热规模和供热总面积等因素测算供热企业加权平均成本，建立供热企业成本影响因素指标体系；利用层积分析法（AHP）和熵值法建立供热企业成本影响因素指标权重的模型，利用模糊综合评价模型进行供热企业综合评价值计算，提出了全新的供热企业成本测算方法，提出供热计量下统一热价的制定方法。❺

从企业生产成本核算与监管来看，热价的厘定需要会计学的基础，但是从供热市场的收费安排合约选择来看，主要影响因素是产权界定与交易费用。例如供热设备的产权界定，供热服务公司、业主委员会、住户之间在供热服务中的权力界定，不同收费方式所带来的管道形式、系统调控方式、计量算价等交易费用，这些因素是无法用现金量度的，超出了会计学的领域，属于新制度经济学的研究范畴。当前供热收费安排的研究忽视了供热收费的产权界定和交易费用。

例如欧洲各个国家的热计量方式和收费机制都不相同，与各

❶ 河北省供热价格联合调研组，《价格理论与实践》，2005年第10期，第38～40页。

❷ 蒋昌文，邢金城，凌继红，马海涛，城市供热收费影响因素及其变化规律研究——基于天津市实施两部制热价的实践，《价格理论与实践》，2015年第6期，第43～45页。

❸ 韦建忠，供热体制改革与供热计量收费，《区域供热》，2008年第1期，第11～15页。

❹ 张沈生，高鸣，张雪姣，辽宁省供热计量热价与收费管理模式研究，《建筑经济》，2010年第1期，第61～64页。

❺ 高鸣，《城市供热计量热价与收费管理模式研究》，沈阳建筑大学管理科学与工程硕士论文，2011年。

❶ 清华大学建筑节能
研究中心,《中国建筑
节能年度发展研究报
告2015》,第234页。

❷ 清华大学建筑节能
研究中心,《中国建筑
节能年度发展研究报
告2015》,第237页。

自的国家背景和集中供热的发展历史非常相关。芬兰采用的住房合作社制度,是一种公寓住宅楼由住房合作社集体所有的制度。公寓住宅楼的集中供热系统的楼宇式换热站的运行维护由住房合作社负责,由业主选举的执行委员会设定供热调节曲线,雇用能源服务公司负责供暖系统的维修。热力公司与住房合作社计算热费,执行委员会负责将热费分摊给各户,分摊方式基于用户的住房面积所占比例。❶丹麦采用集中供热用户合作社制度,也是一种用户合作社的模式。合作社成立的初始资金由用户提供,用户享有合作社提供的产品和服务,合作社是非营利组织。❷

德国也采用住房合作社制度,小区供热是非营利组织,由业主委员会监督运行。为了实施用热计量,德国制定了一系列法规、标准,包括《供热计量条例》、《新建建筑租赁条例NMV》、《费用计算条例BV》、《运行费用条例BetrkVO》、《德国集中供热通用条件管理条例》等,德国的供热收费才逐步从"分栋计量、按户面积分摊"转变为"分栋计量、按户面积和用热量分摊"的方式。同时,德国的供热费用不仅涉及自住用户,也涉及租户,甚至详细到采暖期承租人更换时,相关的采暖费和热水费用的分摊与计算都有详细的规定。

5.2   供热收费方式的反思

5.2.1   面积热价导致开窗散热是浪费?

面积热价是否会导致"浪费",需要从三个角度或层面去分析。

(1)按面积收费,用户会有开窗散热的"浪费"行为。热费按面积算而不以热量算,住户用热多少就没有价格的约束,在过热的情况下,即使有调控手段(例如温控阀),住户也会开窗散热,因此,从热量损失的角度看是浪费。

(2)分户计量有利于约束用户开窗散热的行为,但是却增加了热计量的费用。面积热价不利于鼓励节能的行为,但是量度费用很小;分户计量鼓励节能行为,但计量费用很高(包括管网改造,供热系统调控方式转变,加装热表、抄表、计量、算价、收费等),分户计量所增加的费用,远高于面积热价的开窗散热的能源耗费。现实中,一些安装了分户计量装置的供热小区仍采用面积热价就是明证。因此,引入交易费用后,分户计量比面积热价总的费用更高。

面积热价与分户计量类似于餐厅中的自助与点菜,自助餐付一个固定的价格而大吃特吃，吃到最后一口食物的边际使用价值为零，而食物的边际生产成本是高于零的，边际成本高于边际使用价值，这是浪费。但餐厅为何要选择自助餐的收费安排呢？因为按量、按食物收费会有较大的量度、算价、开单和服务等交易费用。如果自助餐交易费用的节省大于边际成本、高于边际使用价值的浪费，不采用自助餐才是真的浪费。❶

❶ 张五常.《经济解释》(神州增订版)卷二 "收入与成本——供应的行为(上篇)"，第247~248页。

（3）面积热价是一种鼓励小区供热企业均匀供热的收费安排。小区供热企业是调节到户，按面积收一个固定的热费，供热企业必然倾向于在满足最低采暖温度的前提下，减少供热不均的热损失，来获取更多的收益。例如一些采用合同能源管理的供热小区，主要通过运行管理，减少供热不均，从而产生节能量作为主要收益，而合同能源管理公司与住户间的热收费采用面积热价的例子很常见。

在现实中，确实存在顶层用户过热而开窗散热的现象，用户的开窗散热行为确实与按面积收费有关，但开窗散热的根源是过热，过热可不是面积热价造成的，而是供热系统的运行方式造成的，例如单管串联系统下"小流量大温差"的运行方式容易造成顶层过热，但面积热价会鼓励运行管理人员，尽量减少供热不均。就像居民用水是按用量收费，顶层用户可能水压不足，而底层用户的水压过高，这是系统管网运行方式造成的，与按用量还是按面积收费无关。

实际上，热量热价才会鼓励供热不均。例如分栋计量是按楼栋热量作为算价单位，会鼓励供热企业多供热，从而多收费，不去关注楼栋内部的供热不均问题。为此，德国采用热计量的集中供热小区是在城市热网公司与住户之间，引入小区供热公司，由小区住户雇用，代表着小区住户的利益，因此供热公司才会有职责和动力去提高小区内部的供热效率，降低供热不均的热量损失。

5.2.2 分户计量可以降低实际能耗？

现实情况是采用分户计量的住户，实际室内采暖温度都高于政府规定的最低采暖温度。也就是说分户计量鼓励的是用户提高采暖温度，这是由分户计量的方式和供热调控的物理特性决定的。

分户计量采用两部制热价，对住户而言，无论是否用热都需要交纳面积热费，在事实上变相鼓励住户的用热设备满负荷运行，实际采暖温度超过政府规定的最低标准。当然，根据面积热费与热量热费占楼栋热费的比例的不同，在效果上会有所区别。

　　分户计量的原因之一是可以根据实际需求调节供热量。但是，供热与供水、供电的调控时效完全不同。水、电调控是瞬时完成的，拧开水龙头立刻就能得到水，打开电灯立刻就有光照度的提高，而开大供热管道的阀门，热水流量会马上提高，但实际温度需要滞后十几个甚至几十个小时才能提高，这是因为墙体、楼地板等建筑材料具有巨大的热惯性，使得住户根据作息时间调控室内温度失去了意义。

　　当然，分户计量有利于约束住户的开窗散热行为，从而减少因供热不均所造成的热损失，但是分户计量会导致用户提高采暖内温度，减少开窗散热的热量节省一般远低于室温提高所增加的热量消耗，因此，改成分户计量后的实际耗热量，一般会大于原来的面积热价的耗热量。

5.2.3 集中供热系统是准公共物品？

　　在现实中，我国的分户计量遇到了很大的困扰，而一些北欧国家，例如芬兰、丹麦，主要采用分栋计量、按面积分摊的方式。❶为此，建筑节能研究者试图从福利经济学中找到原因，认为"集中供热是典型的公共物品，而目前对集中供热的公共物品属性探讨不足，尤其应用公共物品理论解决集中供热困境的研究不足。……集中供热系统具有准公共物品的性质，主干管道由所有住户共同使用，热量在相邻住户之间传递，集中供热带来的温暖由住户共享。……热力公司和公寓的住户直接按热量收费，会造成用户的困惑。而通过具有排他性质的属性作为收费依据，比如建筑面积、建筑体积，容易被用户理解，操作性强。……怎样将节能的收益平摊到每个用户身上是一个复杂的问题，理论公式难以给出准确的答案，……因此采用分栋计量，分户分摊的方式更符合集中供热的公共物品属性特点，这也是为什么目前北欧大部分国家公寓楼采用分栋计量的重要原因"。❷

　　以公共物品理论解释集中供热应采用分栋计量而不是分户计量，是站不住脚的，无论是实践还是理论都推翻了这种解释。德国的集中供热采用的是分户计量，这是明显的实例反证。但是，德国的分户计量方式与我国现在推行的两部制热价完全不同，下文会详细分析我国两部制热价的谬误。

　　理论上的错误是误解了公共物品的概念。张五常指出："物品可分为两类，私用品（private goods）与共用品（public goods）。pubic goods是由经济学家保罗·萨缪尔森（Paul A.

❶ 清华大学建筑节能研究中心，《中国建筑节能年度发展研究报告2015》，第231～240页。

❷ 清华大学建筑节能研究中心，《中国建筑节能年度发展研究报告2015》，第248～249页。

Samuelson，1915～2009）发明的，起错了名字，误导了后人，使中译成为'公共物品'，大错特错"。[1]张五常认为public goods的正确翻译是共用品，而不是公共物品，public goods指的是物品的使用性质是共用，而不是指产权性质是公有。私用品的性质是独用（exclusive use），共用品的性质是同用（concurrent use）。

❶ 张五常，《经济解释》（神州增订版）卷一"科学说需求"，第211页。

　　私用品和共用品的区别在于物品的使用方式。物品既可能是私用品也可能是共用品，关键是看物品如何使用。小区绿地为公众所有，免费使用，从产权性质看是公有品没有疑问，使用性质究竟如何要看使用的方式。从占用空间而使用的角度来看，小区绿地是私用品——甲在绿地上晒太阳，不会让乙躺在甲身上，甲对绿地的使用会影响乙；从观赏景色而使用的角度来看，绿地是共用品——人数的或多或少皆可以欣赏同一片绿地。

　　共用品可以私有，私用品可以公有，私用品和共用品是按使用性质区分的，与产权性质没有关系。作为观赏而使用的花园是共用品，却可能由个人投资而是私有的；小区的公共厕所是政府投资建造的，属于公有，但使用的性质却是私用品。

　　"热"的使用性质与换热方式有关，辐射与对流换热是共用品，传导换热是私用品。例如暖气片的换热方式是辐射，空调机的换热方式是对流，其使用性质是共用品，同一个房间里，甲与乙可以共同接受暖气的辐射换热，可以共同享用空调而不会相互妨碍。冬季捧在手中或垫在脚下御寒的红泥小火炉，换热方式主要是传导，使用性质是私用，要一人一个。

　　"主干管道由所有住户共同使用"说得含混不清。主干管是共同拥有的，是公有品没有疑问，但使用性质却是私用品。主干管的使用性质主要是输送热水，热水到了甲的家里就不能到乙家，干管的直径与供热的户数多少有关，当然是私用品。

　　"热量在相邻住户之间传递，集中供热带来的温暖由住户共享"。前半句是说传导换热，使用性质是私用，后半句是说辐射换热，使用性质是共用，这是困扰分户计量的主要原因之一。共用品的主要困难是收费问题，在同一个室内空间里，辐射与对流换热是共同使用，就会导致"搭便车"的行为，甲与乙谁也想不缴费或少缴费，都想占对方的便宜，处理的办法是加入分隔墙，隔绝辐射与对流换热，让甲与乙在不同的室内空间。隔绝而收费是解决共用品收费问题的主要办法。

　　举一个类似的例子，电影从观赏的角度看是共用品，观众或多或少皆可以享用同一场电影，但电影显然没有收费的困难，因为电影院通过门票来隔离那些不付费的人，一张票对应一个座位，而座位是私用品。住宅用分户墙来隔离住户，阻止辐射与对流换热，可以解决热的收费问题。

问题出现了，分户墙和楼面板一般是没有隔热措施的，会导致传导换热的损失，在某些情况下，例如相邻户型均不采暖或位于顶层与端部，传导换热的损失非常大，甚至是正常需热量的2～3倍，分户计量岂不是不公平？建筑节能研究者受到经济学者的误导，采用分户计量还是面积热价，与热的使用性质是共用还是私用没有关系。

以集中供热主干管道是公共物品来解释不宜采用分户计量，显然是弄错了经济学概念——主干管道是私用品，不是共用品，是经济学者的错失误导了建筑节能的研究。其实以公共物品为出发点的福利经济学的研究，很容易混淆共用品与私用品、公有品与私有品的区别。把public goods译成公共物品，很容易带到公有而私用的物品上，使经济学者杜撰了"准公共物品"、"有限型公共物品"❶。

即使是共用品，也不是政府管制采用统一的面积热价的理由。1848年，经济学家密尔（J. S. Mill，1806～1873年）提出灯塔的例子，灯塔的灯光是典型的共用品，即一艘船接受灯塔的指引不影响另一艘船对灯光的使用。"对海上船只大有好处的灯塔有收费的困难，因为在黑夜中，船只以灯塔的指引而避开礁石之后，逃之夭夭。他于是认为私人建造灯塔无利可图，需要政府协助强行收费"。❷萨缪尔森同意密尔的观点，但认为"灯塔建成之后，多服务一艘船的费用是零——边际费用是零。在这样的情况下，收费会妨碍一些船只选用灯塔，促使他们改道而行。既然边际费用是零，这'改道'对社会有害无益，不收费才是上策。"❸灯塔收费的困难是经济学者的想象，实际情况是在船只停靠的港口收取的过路费中包含灯塔的费用，"过路钱的高低是由船只的大小及航程上经过的灯塔次数而定的。船入了港口，停泊了，收费就照船的来程，数它经过的灯塔的次数而收费。到后来，不同航程的不同灯塔费用，就印在小册子上了。"❹

能够解释面积热价、分户计量、分栋计量的收费安排是新制度经济学中的交易费用，包括了计量、算价、收费等供热收费交易所需要的费用，分户计量的这些困难建筑节能研究者耳熟能详，有切身感受，不用引入共用品，更不用引入概念不清的准公共物品。

5.3 两部制热价的谬误

5.3.1 热费的分摊算价方式

由于相邻住户间的热传导，分户计量热量是不可能精确的，即使精确也没有意义。在楼栋内部的分户墙和楼面板加保温层，限制热传导，对楼栋整体的保温毫无帮助，是真的浪费。研究者思想闭塞了，为什么非要以户为单位计量热量？为什么不能反过来，先计量楼栋热量？楼栋之间完全不存在热传导。计量楼栋热量可以得到楼栋热费，然后按户面积和户热量分摊给各户。

不仅分户计量需要采用分摊算价的方式，面积热价与分栋计量也是采用分摊的方法。小区各楼栋单位面积采暖能耗相同，就没有必要分别计量各楼栋热量，按户面积分摊供热小区总热费即是面积热价。分栋计量是由于各楼栋的单位面积采暖能耗不同，需要分别计量楼栋热量，把小区总热费按楼栋热量分摊给各楼栋得到楼栋热费，然后再按户面积分摊楼栋热费。

无论是面积热价、分栋计量还是分户计量，用的全部是分摊算价的方式，也就是说热费的算价方法是自上而下的以除法分摊给各户的。我国现有的面积热价，是地方政府制定一个固定的面积热价，各户的热费由面积热价乘以户面积得出，这种自下而上的用乘法的算价思维影响了两部制热价的制定。

两部制热价是指热收费由容量热价和计量热价两部分组成。供暖系统是按照用户的供热容量进行建设、维护和管理，在供热期间，即使用户完全不用热，也需要交纳一个固定的容量热价，因为供热设备的投入资金需要回报，维护和管理也会产生费用，这些费用与供热容量有关，称为容量热价，这个费用是不变的，也称为固定费用。供暖系统向用户供热还需要消耗一定量的燃料、电力、水和劳动力等直接成本，应按照用户热量的多少收取热费，这个费用称为计量热价，用热量的多少是可变的，也称为可变费用。两部制热价按照下式计算：

用户总热费=容量热费+计量热费＝（容量热价×每户容量基数）+（计量热价×每户实际用热量）❶

实际上，两部制热价是参照了两部制电价的定价方式。两部制电价由基础电价和用量电价组成，基础电价按照用户的变压器容量或最大需用量作为计算电价的依据，确定限额，每月固定收取，不以实际耗电数量为转移；用量电价，按用户实际耗电量计

❶ 其中：容量热价=（年固定资产折旧费+年固定资产投资利息）÷年供暖能力；容量基数=供暖建筑面积×设计热负荷；计量热价=（成本+费用+税金+利润−年固定资产折旧费−年固定资产投资利息）÷年实际销售量。在两部制热价的实际操作过程中，容量热价和计量热价占总热费的比例可以调整。比例的调整对约束用户的用热行为有直接影响。我国东北一些地区的两部制热价比例为固定热价占40％，可变热价占60％。西方一些国家采取计量热费占70％。显然，可变热费在总热费分摊中所占比例越高，就越能鼓励用户节约用热。

算。两部制电价是对用电量大的用户所推行的用电收费安排，常见于工业用户，例如大型工厂，这是因为大型工厂的用电量很大，其用电量的稳定对电厂和电网都有利——从电厂来讲，用电量越稳定，越有利于发电机的满负荷运转，从而提高发电效率，降低发电成本；从电网来讲，输电量越稳定，越有利于提高输电效率，降低输电成本。因此，两部制电价中包括一个无论是否使用均须缴纳的基础电价（容量电价），是鼓励用电大户尽量充分使用用电设备，从而稳定用电负荷的收费方式。例如工厂中工人分班作息，用电设备一直工作，从而达到稳定用电负荷的效果。用电量小的普通居民用户从不采用"两部制电价"，因为每个居民用户用电量很小，对电网整体负荷波动的影响微不足道。居民采用两部制电价，反而会带来计量、算价、收费等交易费用的大幅提高。

因此，参照针对用电大户的、以稳定用电负荷为主要目的两部制电价，制定出的针对居民用户的两部制热价，是不符合经济规律的。而且就像两部制电价会鼓励工厂尽量开启用电设备来满负荷运行一样，对居民用户采用"两部制热价"，也会鼓励住户的用热设备满负荷运行，与分户计量的初衷背道而驰。

5.3.2　按户面积和户热量分摊楼栋热费

分户计量应采用按户面积和户热量分摊楼栋热费，计算方式见图5-1。

这是德国分户计量所采用的方式——1989年颁布的《德国供热计量条例》第7条"热费分摊"第一款规定："集中供热设施的运行费用中至少50％，至多70％按照实际测量到的热耗来分摊。剩余费用按居住或使用面积或房间体积分摊，也可按照实际采暖的居住或使用或房间体积分摊"。❶

❶ [德]Joachim Wien主编，德国技术合作公司（GTZ），德国米诺测量仪表有限公司，译，《德国供热计量手册》，第515页。

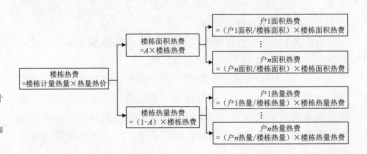

图5-1 分户计量的计算方法

注：其中 A 的取值范围是 50％ ~ 70％。

"按户面积和户热量分摊楼栋热费"的方法非常容易算价。小区供热公司关注的是按热量计量的楼栋热费，楼栋内部面积热费和热量热费的比例由楼栋住户自己协商而定，减少了供需双方的争议，两部制热价则需要商定容量热价和计量热价，不是专业人员怎知如此复杂的计算公式？两部制热价的算价方式无疑增加了住户与供热公司之间的交易费用。同时，各户按两部制热价缴纳的楼栋总热费，并没有与楼栋的热量热费挂钩，这无疑又增加了两部制热价的争议。

供热收费采用分摊的算价方式是由热的性质决定的。首先，由于相邻与层间住户之间存在热传导，户热费是不能只依靠户热量来计算的，但楼栋之间不存在热传导，因此楼栋热费可以用热量作为计量单位；其次，由于外墙和屋顶面积更多，端部和顶层住户的单位面积采暖能耗一定大于中间住户，❶但端部和顶层用户为中间住户的保温作出了贡献，可以看作是整个楼栋的"保温层"，端部和顶层用户所多出来的采暖能耗就需要由中间各户来分摊；第三，即使完全不用热的住户，也会从供热管道和相邻住户得到热量。以上三点，是按面积分摊楼栋热费的原因。

电与水不会从分户墙、楼板里偷偷地跑到邻居家，用电量、用水量与端部、顶层还是中间层没有任何关系，用户也不会从管道和邻居家悄悄地得到水和电，除非是渗水漏电。因此电费和水费也从不采用这种分摊的收费方式。

但是，如果每户对室温的要求不同——例如甲户住的是年轻人，可能认为20℃舒适；乙户家里有位老人，长期生病，可能需要调到22℃。此时，各户的单位面积采暖能耗差异是因温度设定而产生的，仅按面积分摊楼栋热费显然不合理，为此需要考虑实际的耗热量差异，但是因为上述供热的三个性质，又不能完全按照各户热量分摊楼栋热费，需要将楼栋热费分为热量热费和面积热费两部分。因此，分户计量的真正原因是楼栋内各户有了温度需求的差异。

5.4　供热收费安排的适用条件与影响因素

5.4.1　供热收费安排的适用条件

"热"是一种市场交易的商品，是供热体制改革的共识。热的收费安排依赖于热的量度方式。热是一种"单质"❷的商品，即热量的多少是唯一需要量度的质量，因此，收费安排应与用户的终

❶ "位于板式建筑的端部、各类建筑的顶层，都比其他部位外墙面积大，采暖能耗也相应要大1～2倍。"——见清华大学建筑节能研究中心，《中国建筑节能年度发展研究报告2007》，第139页。

❷ 根据"质"与"需求量"的关系，张五常把物品分为单质的、多质的与委托的三种，单质的物品是指物品只有一种质量，例如热，1GJ的热就是1GJ的热。但是从供热的角度看，供热质量还包括间歇供热还是连续供热、供回水温差、最大供热能力等；多质的物品是指物品有多种质量，例如水不仅包括量的多少，还包括洁净度、矿物质含量等多种质量，是纯净水、矿泉水还是自来水等；委托的物品是指物品的算价单位与物品的质量无关，质量委托于算价单位之中，例如面积热价，热的质量（即热量的多少）委托于面积这个算价单位之中，是为了便于算价，减少量度费用。

端采暖能耗联系起来。单位面积采暖能耗与围护结构传热系数、体形系数、室内外平均温差和换气次数有关。假定在同一集中供热小区各楼栋的体形系数、换气次数均大致相同，则采暖能耗主要由围护结构传热系数和室内温度决定。

供热有三种收费安排——面积热价、分栋计量、分户计量，适应不同的条件（表5-1）。

面积热价的适用条件是各楼栋的围护结构热工性能相同，各楼栋以及各户的采暖温度相同，因此单位面积采暖能耗也相同，各户的实际采暖耗热量就与户面积挂钩，因此面积热价的计价方式是把小区总热费按户面积分摊给各户。量度户面积远比计量户热量容易得多，例如西瓜是可以按个来买卖的，这减少了量度西瓜重量的麻烦。

分栋计量的适用条件是围护结构传热系数不同，楼栋内部各户的采暖温度相同。此时楼栋之间的单位面积采暖能耗不同，但是楼栋内各户的单位面积采暖能耗相同，因此分栋计量的算价方式是计量楼栋入口处的热量，乘以一个热量热价得到楼栋热费（或者把供热小区的总热费按楼栋热量占小区楼栋总热量的比例分摊给各楼栋），然后按户面积占楼栋面积的比例把楼栋热费分摊给各户。

分户计量的适用条件是各户采暖温度不同。此时各户的单位面积采暖能耗不同，各楼栋的采暖能耗更有差异，但是不能以各户的热量作为算价单位，原因是相邻住户间存在热传导。分户计量的算价方式应是先计量楼栋入口处的热量，乘以一个热量热价得到楼栋热费（或按楼栋热量分摊小区总热费），然后按某一约定比例，把楼栋热费分为两部分（例如50%的面积热费和50%的热量热费），面积热费按户面积占楼栋面积的比例分摊给各户，热量热费按户热量占楼栋热量的比例分摊给各户。

5.4.2　供热收费安排转变的影响因素

从制度演进的角度来看供热收费改革，正确的看法是影响因素导致了适用条件发生转变，从而需要转变供热收费安排与之适应。例如，新建了高标准的节能建筑或进行了既有建筑的节能改造（影响因素），导致了同一供热小区的各楼栋的围护结构热工性能由相同转为不同（适用条件转变），在各楼栋的采暖温度相同的情况下，应由面积热价转为分栋计量（供热收费安排转变）。如果生活水平提高（影响因素）导致各户的采暖温度需求又有

三种集中供热收费安排的适用条件　　　　表5-1

	面积热价	分栋计量	分户计量
收费方式	按户面积分摊小区热费	按户面积分摊楼栋热费	按户面积和户热量分摊楼栋热费
计量内容	户面积	楼栋热量、户面积	楼栋热量、户面积和户热量
计量费用	无	小（楼栋热表的安装、维护、抄表等）	大（管网改造，楼栋和户热表的安装、维护、抄表等）
适用条件	各栋的围护结构传热系数相同、各栋的采暖温度相同	各栋的围护结构热工性能不同、栋内各户的采暖温度相同	各户的采暖温度不同

了差异（适用条件转变），就应再转为分户计量（供热收费安排转变）。

　　错误的看法是以制度安排的优劣来解释制度安排的转变。按面积收费会导致开窗散热的现象，分户计量可以鼓励用户的节能行为，因此分户计量最优，分栋计量次之，面积热价最差，所以供热收费安排应尽快转为分户计量。这实际上是以收费安排的结果来解释收费安排转变的原因，是因果倒置。

　　不是"好的"制度替代了"差的"制度，不是"技术更高的"替代了"技术更低的"，不是"有利于节能的"替代了"不利于节能的"，而是不同的供热收费安排有不同的适用条件。影响因素可以带来适用条件的转变，从而带来收费安排的转变。忽视不同供热收费安排的适用条件，依靠政府的外力强行推动，违背供热市场的经济规律，必定会造成供热收费安排的改革举步维艰，走向错误的道路。

　　考虑我国以下影响因素：（1）经过"三步节能"的发展，既有建筑围护结构传热系数和供热系统效率有了很大的差异；（2）我国的煤炭，尤其是天然气等采暖能源的供应非常紧张，不宜提倡以满足不同温度需求为目的的分户计量；（3）我国大部分既有建筑的采暖系统形式无法达到分户调控的要求；（4）分栋计量是分

❶ 分栋计量只需要楼栋热表，而分户计量既需要楼栋热表也需要分户热表，因此分栋计量在装表、计量、算价上的费用远低于分户计量；热量表的计量精确度与流量有很大关系，流量越大越容易计量，因此楼栋热量表比户热量表更精确；分户计量也就是需要分户温度可调，为此需要管网形式和供热系统调控与之配合，由此会带来相当高的管网投资改造成本和运行管理成本。

❸ 针对热电联产集中供热管理体制改革，将目前的"电力公司管热源电厂，供热企业管供热网和末端服务"，调整为"热源公司管理发电、调峰与一次管网，若干个供热服务公司分别管理各个二次管网与终端用热服务"。——见清华大学建筑节能研究中心，《中国建筑节能年度发展研究报告2011》，第169页。

❹ 清华大学建筑节能研究中心，《中国建筑节能年度发展研究报告2011》，第111~120页及第188~195页。

户计量的基础，要分户计量必须先分栋计量。因此，我国的供热收费安排应先由面积热价转变为分栋计量，再逐步向分户计量过渡。建筑节能设计指标应转变为楼栋的采暖终端能耗指标，反映建筑采暖终端能耗的信息。相比分户计量，分栋计量的量度费用很小。❶分栋计量也有利于新建节能建筑和既有建筑的节能改造，围护结构传热系数的改善与用户经济利益挂钩，推进围护结构保温性能的提高。

为此，我国政府作出了巨大的努力，在收费制度上尝试从面积热价向计量热价的改革，并在一些供热小区开展了试点工作，❷一些研究机构也提出了供热管理体制的建议。❸在热计量的仪器仪表上也发展了一些新的技术，例如分户"通断调节"❹技术。但是，目前面积热价仍然是我国集中供热所采用的主要收费方式，供热收费制度的改革基本上是原地踏步，即使是那些安装了热计量装置的小区，许多也弃之不用。那么，我国供热收费改革的困境到底在哪里？

❷ 住房和城乡建设部《建筑节能"九五"计划和2010规划》明确指出，"对集中供热的民用建筑安装热表及有关调节设备并按表计量收费工作，1998年通过试点取得成效，开始推广，2000年在重点城市成片推开，2010年基本完成"。2003年7月，住房和城乡建设部等国家八部委颁发了《关于城镇供热体制改革试点工作的指导意见》（以下简称《指导意见》），停止福利供热，实行用热商品化、货币化；逐步实施按用热量计量收费制度，积极推进城镇现有住宅节能改造和供热采暖设施改造。2004年1月，住房和城乡建设部颁发了《城镇住宅供热计量技术指南》，总结了热量分户计量的相关技术。2005年，住房和城乡建设部等八部委印发了《关于进一步推进城镇供热体制改革的意见》，对2003年的《指导意见》作了进一步的强调和说明。2006年3月，住房和城乡建设部副部长仇保兴在第二届"国际智能、绿色建筑与节能建筑"大会上表示，我国力争两年内基本完成的北方供热体制改革，将先采取按楼计量并收取暖气费的方式，再逐步过渡到按户收费。2006年8月，《国务院关于加强节能工作的决定》指出："推进供热体制改革。加快城镇供热商品化、货币化，将采暖补贴由'暗补'变'明补'，加强供热计量，推进按用热量计量收费制度。完善供热价格形成机制，有关部门要抓紧研究制定建筑供热采暖按热量收费的政策，培育有利于节能的供热市场。"

第 6 章

租值消散与供热体制改革

2013年我国北方城镇采暖能耗为1.81亿tce，占全国建筑总能耗的24.0％，近1/4，是我国建筑节能工作的重点。为了促进北方城镇建筑节能事业的发展，必须依靠科技创新、政策创新、体制创新。为此，相关的研究人员与企业作出了巨大的努力，提出了各种先进的节能技术，例如热电联产、工业余热利用、吸收式换热、热泵技术、通断式热表等，政府也通过加强建筑节能监管、提高建筑节能设计标准等措施，促进建筑节能事业的发展，取得了显著成绩。"2001～2013年，北方城镇建筑供暖面积从50亿m²增长到120亿m²，增加了1.5倍，而能耗总量增加不到1倍，能耗总量的增长明显低于建筑面积的增长。平均的单位面积供暖能耗从2001年的22.8kgce/m²，降低到2013年的15.1kgce/m²，降低了34％"。❶

❶ 清华大学建筑节能研究中心，《中国建筑节能年度发展研究报告2015》，第7页。

但是，技术的潜力总有尽头，政府的监管代价不菲，更重要的是节能技术的应用依赖于收费的安排和价格的厘定，建筑节能设计标准的制定与监管也与此密切相关。所谓建筑节能问题，追根溯源是资源配置问题——燃气的供给严重不足、燃煤的环境污染严重、各种新型高效清洁热源无法利用等，与收入分配问题——一些供热企业举步维艰、政府对供热企业的巨额补贴、工商业建筑与居住建筑的采暖费用交叉补贴、节能建筑与普通建筑的交叉补贴等。

价格既决定资源配置，也决定收入分配，供热体制改革的分析需要经济学理论的指引。

6.1　供热价格管制的租值消散

6.1.1　面积热价的价格管制

从适用条件的转变来看，我国早就应该转向分栋计量，政府的供热收费制度改革也是鼓励先分栋计量、后分户计量，但实际中几乎全部采用的面积热价。问题的核心是我国的面积热价是由政府管制的，而不是由市场形成的。供热价格被政府管制严重地干扰了，无法通过市场的力量促进节能建筑的发展。

例如，按供热能源的不同，北京市的面积热价分为燃气热价30元/m²和燃煤热价24元/m²，这符合商品的价格与成本挂钩的市场规律——从供给来看，反映了供热企业供热成本的差异；从需求来看，虽然住户得到的是同样的热量，但燃气热价比燃煤热价多出来的费用，可以看作是居民承担了环境成本，北京雾霾如此严重，居民更容易接受天然气供热多出来的成本。但是，燃气热价与燃煤热价的真实成本差距却未必仅有6元/m²。"按照热值换算，我国目前天然气供暖的市场价格是燃煤价格的5～6倍，'煤改气'造成供暖热源成本大幅增加。然而为了城市的社会稳定和居民的正常生活，供暖价格却被严格管制，有些城市供暖价格十年不变"。❶

　　供热能源价格大幅变动而面积热价不变或变动很小，价格与成本会发生分离。例如，"牡丹江市热电公司2005～2006年采暖期吨煤采购价格比上个采暖期上涨了54.40%，比2003～2004年采暖期的价格上涨了117.85%，2003年煤炭支出占该企业总成本支出的48.79%，2005年煤炭支出已占该企业总成本支出的59.52%，煤炭支出上升了10个百分点"，❷但供热价格却并未及时变动。"2011年，4700～5000大卡（1大卡=1000卡——编者注）的燃煤，平均价格为545元/t（2011年末最高时达到617元/t），与2006年牡丹江市调整供热价格时的平均煤价327元/t相比，每吨上涨了218元，涨幅为67%。……此外，供热价格从2006年以来，多年未调整，企业运营遇到困难。……4年来，市财政累计补贴额已达6100万元。"❸

　　商业用户与住宅用户按同样的面积热价缴费，价格与成本发生了脱离——商业建筑的围护结构保温性能高于居住建筑，商业建筑的内部人员、用电设备等的发热量也远高于居住建筑，因此商业建筑的单位面积采暖能耗一般低于居住建筑，商业建筑的面积热价也应低于居住建筑，但实际上我国的商业用户与住宅用户按同样的面积热价缴费。例如"长春某热力公司率先对公司经营的59.58万m²公共建筑实行了按热量收费尝试。当按面积收费时，每年固定收益2047.5万元，改为按热收费后，仅收入1166.6万元，收入减少了879万元，减少了43%的经营收入"。❹该例子里按面积收费转为按热量收费后，公共建筑的采暖费用下降了近一半，说明目前的统一的面积热价，存在着严重的商业用户对住宅用户的补贴。

　　节能建筑与普通建筑按同样的面积热价缴费，价格与成本也发生了脱离。节能建筑的围护结构保温性能更高，单位面积采暖能耗低于普通建筑——按照我国的"三步节能"建筑的节能量计算，一步节能建筑是指在1980～1981年当地通用设计能耗水平的基础上节能30%；二步节能建筑比一步节能建筑节能30%，也就是比1980～1981年节能50%；三步节能建筑比二步节能建筑节能

❶ 清华大学建筑节能研究中心，《中国建筑节能年度发展研究报告2015》，前言。

❷ 杨美荣，孙立明，煤炭价格变化对城市供热企业影响的调查报告——以黑龙江省为例，《价格理论与实践》2007年第1期，第18页。

❸ 东北网，《牡丹江供热价格与成本倒挂企业亏损拟调整市区供热价格》，2012-08-27，http://heilongjiang.dbw.cn/system/2012/08/27/054184837.shtml。

❹ 清华大学建筑节能研究中心，《中国建筑节能年度发展研究报告2011》，第164～165页。

30%，也就是比1980～1981年节能65%。因此，普通建筑与节能建筑按同样的面积热价缴费，显然是不合理的。

管制价格一般都与市场价格发生偏离，而且一般是偏低的。现实中，供热企业一直以面积热价的定价过低作为要求政府给予补贴的理由。

6.1.2　租值消散与价格管制理论

租值消散（rent dissipation）是与价格管制（price control）联系在一起的，租值消散是指由于产权界定的问题导致资源或财产的价值或租金下降乃至完全消失。价格管制理论有两条定律：一是价格管制干扰了收入的权利，必会带来租值消散；二是租值消散必定是在价格管制有关局限条件下的最低消散。❶

价格管制带来租值消散最夸张的例子可能是香港"二战"后管制"二战"前的楼宇的租金，同样楼宇的管制租金不到市值的1/10，出现了层层分租、天台木屋僭建等夸张现象。"以致约50m² 的住宅，平均住着4.32户人家，最密集的住宅达22户，房间内破败不堪。在别人屋顶上僭建天台木屋，密密麻麻，有小巷街道，住所之外还有小食店及小商店，而业主懒得管，认为整栋楼倒塌下来更好，因为可以重建而收政府不能多管的新租金。"❷另一个价格管制导致租值消散的夸张例子是国庆长假高速公路免费，干扰了高速公路的收入权，带来的结果是国庆长假高速公路大堵车，水泄不通，高速公路的阻值消散为零甚至是负值。

根据价格管制理论的第一条定律，面积热价管制所带来的租值消散有如下几个方面：

（1）供热企业的亏损严重，供热管网缺少维护，运营资金得不到保证。管制的面积热价偏低，相当于剥夺了供热企业的部分收入权，资产的收入权如果受到压制，就会压制生产者的积极性，从而带来租值消散。尤其在煤炭、天然气等供热能源大幅上涨的情况下，面积热价偏低的程度更大，带来的租值消散也更大。前文牡丹江供热企业的例子显示，"由于供热价格与成本倒挂，供热企业已经亏损严重，生产经营陷入困境，发展资金严重匮乏，市区供热主干网超期服役，企业维修管护、更新改造资金严重不足，给冬季供热生产带来了安全隐患。同时，企业储煤资金缺口很大，若采暖期储煤量不足，一旦煤炭市场出现问题，供热企业生产运行将难以保证。"❸这种情况下，供热企业多数采取压低其他成本和降低供热质量的方法来弥补这一部分损失。直接后果是

❶　张五常，《经济解释》（神州增订版）卷四"制度的选择"，第112～122页。

❷　张五常，《经济解释》（神州增订版）卷四"制度的选择"，第117～118页。

❸　东北网，《牡丹江供热价格与成本倒挂企业亏损拟调整市区供热价格》，2012-08-27, http://heilongjiang.dbw.cn/system/2012/08/27/054184837.shtml。

供热设备得不到及时维修，设备老化，供热效率降低，用户的缴费率降低，又增加了企业的供热成本，造成恶性循环。

（2）供热能源的利用存在严重的浪费，尤其是天然气供热。按热量计算，天然气采暖的热量是燃煤的5~6倍，但居民的燃气面积热价与燃煤面积热价的差距远没有那么多，例如北京的燃气面积热价仅为燃煤面积热价的1.25倍。为此，煤改气之后，往往需要政府的巨额补贴，这是按天然气实际用量来发放的，但供热企业收取的却是固定的面积热价，因此，燃气供热企业没有经济动力去提高燃气利用效率，例如"采用烟气余热深度利用技术，可将锅炉排烟温度降低至30℃以下，则锅炉效率提高约10%以上。……相关部门已经关注到烟气余热回收的重要性，各地政府也出台了相关政策要求烟气温度不能超过30~40℃，燃气锅炉烟囱排烟不允许出现'冒白烟'现象。但是现有的一些解决'冒白烟'的方法，例如通过向排烟管道鼓入大量的室外低温新风，与烟气混合，然后再排放出去，从表面上看是避免了燃气锅炉烟囱'冒白烟'的现象，但是烟气中的冷凝热和凝水并没有得到回收，锅炉效率非但没有提高，反而还增加了新风机的电耗"。❶面积热价管制加上燃气补贴，一起促成了这种荒谬可笑的解决方法。

❶ 清华大学建筑节能研究中心，《中国建筑节能年度发展研究报告2015》，第93页。

（3）统一的定价导致普通建筑的面积热价偏低，而节能建筑的面积热价偏高，造成新建建筑的节能投入缺乏经济动力，需要政府的节能设计、施工、验收的全过程监管；既有建筑的节能改造无人问津，用户只关心温度，而不关心围护结构热工性能。

（4）普通建筑与节能建筑统一定价，导致供热企业对供热小区"挑肥拣瘦"，对于一些老旧的热工性能较差的小区避之不及，而对新建的节能建筑小区则你争我抢，供热企业的竞争准则不是提高供热效率，而是搞关系、走后门。如果供热价格反映供热成本，这些现象原本不会出现。

根据价格管制理论的第二条定律，供热企业和住户都有意图降低价格管制所带来的租值消散。

首先是供热企业通过收取扩容费，来收回热价管制下所应得的收入。"在城市集中供热的发展历史上，为了解决管网和热力站建设的资金问题，曾要求申请接入集中供热的末端用户缴纳'增容费'。以后，收取增容费逐步发展为各地的普遍方式。增容费收取标准在各地一般为30~100元/m²不等，名义上用于管网的扩充建设和热力站建设，但实际上不同情况下管网改造和热力站建设需要的经费差异非常大，因此增容费与实际发生的扩容改造费用

❶ 清华大学建筑节能研究中心，《中国建筑节能年度发展研究报告2011》，第163页。

无直接关系。管网和热力站的产权也都属于企业，与支付了增容费的末端用户无关，由此使得维护维修费用在大多数情况下也由供热企业负责"。❶实际上，供热企业收增容费的性质就是减少管网及设备的租值消散，当然用于维修管网，只是名字引起争议。2001年，国家计划委员会、财政部就发布《关于全面整顿住房建设收费取消部分收费项目的通知》（计价格[2001]585号），明令取消暖气集资费（即增容费），但北方各城市仍以诸如初装费、热力开口费、管网配套费等名目广泛收费。这些被社会广泛批评的现象，其实不过是供热企业在面积热价管制下，回收自身租值，减少租值消散的行为。

供热价格管制带来的收取增容费的现象，类似于第二次世界大战前后香港楼宇租金管制产生的鞋金、建筑费——"第二次世界大战前香港的租金管制，导致业主收鞋金，因为行来行去找租客行破了多双鞋。第二次世界大战后，香港的租金管制带来另一个层面的想象力。市租与管租差距太大，不可能行破那么多的鞋子，业主于是转收租客建筑费"。❷

❷ 张五常，《经济解释》（神州增订版）卷三"售价与觅价——供应的行为（下篇）"，第258页。

其次是节能建筑住户的室内实际采暖温度会高于普通建筑。虽然节能建筑与普通建筑收取同样的面积热价，但节能建筑的建造成本高于普通建筑，业主在购房时承担了节能建筑的建造成本，与普通建筑交纳同样的面积热价，业主必然要求提高室内采暖温度。这是因为节能建筑会带来节能量或采暖温度提高的收益，现在节能量收益因面积热价管制而无法收回，业主会要求提高采暖温度，作为购买节能建筑的回报。节能建筑的实际节能量一定小于理论节能量，因为采暖温度提高了。供热企业为了收缴热费，也会满足业主的要求，但采暖温度提高的幅度，一定小于节能建筑本应达到的温度，因为政府可没有规定节能建筑的温度到底应该提高到多少，供热企业也会争取瓜分一部分节能建筑的节能量收益。

第三是政府也力图减少面积热价管制下的租值消散。例如分城市、按气候制定不同的面积热价，力图使面积热价与单位面积需热量挂钩；根据供热能源价格变动，调整面积热价，力图使面积热价与供热成本挂钩。但是一般不容易及时调整，因为按城市制定统一面积热价，调整起来需要举行听证会，各方面意见与利益往往相互制约；政府制定了严格的从设计到施工、验收的一整套新建节能建筑的监管措施，以行政力量促进新建节能建筑的发展。

6.1.3　建立供热价格市场机制的原因

供热价格体制改革是供热改革的核心，其重点是通过供热市场完成"热"的交易，形成"热"的市价，但为何要采用市场机制？

我国的供热价格体制改革走过曲折的道路，把供热价格体制改革理解为收费安排的转变——开始认为面积热价不利于鼓励节能的行为，而分户计量可以，因此应大力推广分户计量；后来意识到分户计量有很大的计量费用和交易费用，转为提倡先分栋计量，再分户计量。但现实却是面积热价大行其道，供热价格体制改革转了一个圈，又回到了起点。

实际上，供热价格体制改革看错了原因。改革的原因不是实现供热收费安排的转变，市场如何选择供热收费安排，是市场的事，重要的是政府不要干预市场双方对供热收费安排的选择。在供热收费安排上，政府需要做的是纠正目前两部制热价的错误算价方式，至于市场到底选择哪种收费安排，由市场决定。

供热价格体制改革的原因也不能从促进节能的角度来看，促进节能是改革的结果，但不是原因。面积热价不是开窗散热的根本原因，分栋计量有可能还鼓励了楼栋内的供热不均，分户计量一般是调高室内采暖温度。即使计量收费确实有利于节能，但是却增加了计量费用与交易费用，总费用到底是增加还是减少很难统一计算，因为情况千差万别。关键是，如果允许自由选择，供热双方一定会选择总费用最低的收费安排，因为这是对双方最优的选择。

供热价格体制改革的重点是形成供热价格的市场机制。物品交换可以采用不同的准则，而市场机制只是众多准则中的一种，市场采用的准则是"价高者得"，是唯一不会带来租值消散的准则。例如，福利分房时期，采暖也是一项福利，与等级挂钩，对"热"的竞争采用的是衡量职称高低、年纪大小、工龄长短等，这种竞争准则鼓励的是搞人际关系、熬工龄、虚报年龄等，这些竞争对社会毫无贡献，是社会的损失。福利供热转为供热市场，就是以热的"市价"作为采暖与供热的竞争准则。

"价高者得是唯一促使人们增加生产来换取所需的准则。多尽一分力以生产赚钱，取胜的机会较大，而这生产对社会是有贡献的。因此，市价这一准则不会引起浪费。……以上所说的'浪费'观点，20世纪70年代初期起我称为租值消散。"[1]因此，建立供热价格市场机制的真正原因是市价是唯一不会导致租值消散的竞争准则。

供热市场的价格管制，压制了生产者（热力公司）提高生产

[1]　张五常，《经济解释》（神州增定版）卷一"科学说要求"，第98页。

的动力（增加供热能力、效率和质量等）。按面积收费的市价本应是40元/m²，而政府规定的是30元/m²，那10元/m²的成本谁来承担呢？小区供热公司可能会选择降低供热质量，减少供热系统的维护，这会造成供热设备的阻值消散，也使得住户的采暖温度得不到保障；也可能要收增容费，回收被管制的收入，造成供热企业与住户的矛盾激化，增加了供热收费的交易费用。

6.2　供热价格体制改革的条件、方向、路径

6.2.1　供热价格体制改革的条件

市场制度是一种"奢侈"的制度，任何商品形成市场不易，需要界定产权、降低信息成本、议定与履行合约等费用，同样，形成供热的市场机制费用不菲。例如，德国与之有关的法规、政策包括——《建筑节能法》、《供热计量条例》、《运行费用条例》、《居住面积计量管理条例》、《集中供热通用条件管理条例》、《热计量条例的一般准则》、《德国住房协会和计量服务商的共同建议》、《新建筑租赁条例》、《费用计算条例》等。通过这些法规，规定了未达到供热标准时住户的降价权；住户避开热计量或影响计量效果时的违约处罚；出租方和结算公司的入户权；小区供热设备的产权；计量面积、热量和热费的方法；可分摊的供热运行费用；供热能源价格变动时供热费用的计算方法；在采暖期更换租户时，如何分摊热费；两德统一时东德的面积热价向供热计量转变的过渡期规定等。

供热价格管制会带来巨大的租值消散，包括上文所述的供热系统缺乏维护、供热效率下降，既有的非节能建筑外墙缺乏保温，也会带来地方政府巨额的供热补贴，对新建节能建筑的监管费用不菲。是否取消供热价格管制，要看形成、保障供热市场机制的费用，与管制供热价格所带来的租值消散谁高谁低。

当前改革供热价格体制的条件有如下几个方面：（1）2008年以后我国"以县为单位的地区竞争制度"❶被改变，整体经济下行，制造业和工商业遇到很大的困难，供热价格体制改革会使得制造业和工商业的采暖成本下降，越是寒冷地区经济往往越落后，采暖成本占企业运营成本的比重越高；（2）经济下行导致房地产市场不景气、分化严重，使得地方政府，尤其是三、四线城市政府的土地收入大幅下降，供热补贴成为地方政府财政的一大负担；（3）长期供热价格管制带来了供热系统缺乏维护，尤其是

❶　张五常，《中国的经济制度》（神州增定版）。

一些经济落后的三、四线城市，供热企业举步维艰；（4）政府对新建节能建筑的监管起到了很大的成效，新建节能建筑的围护结构热工性能与老旧的非节能建筑之间的差距越来越大，节能建筑与非节能建筑的交叉补贴日益严重；（5）城镇居民收入有一定增长，保护环境的意识深入人心，居民更易于接受采暖费用的变动与节能改造的成本；（6）与2015年初启动的电力体制改革❶同步，会降低供热价格体制改革的阻力。

供热价格体制的改革会带来非节能建筑，尤其是一些老旧建筑采暖费用的增加，甚至是大幅增加，给改革带来很大的阻力。实际上，追寻政府供热价格管制的最终原因——其实是居民不愿承担建筑采暖能耗的真实成本，尤其是老旧建筑中往往居住的是低收入群体，更增加了收费的困难。为此，在改革初期，地方政府可以把对供热企业的供热补贴，变为对困难居民的采暖补贴，需要的补贴资金应远小于现在的对供热企业的补贴——一方面是因为没有了价格管制，就没有庞大的租值消散，需要的补贴数额肯定大幅低于原有的对供热企业的补贴，因为补贴的性质不同；另一方面，原有的对供热企业的补贴，实际上是补贴了所有住户，现在转为对困难住户的补贴，使得补贴更有效率。也可以学习两德统一时为东德规定一个过渡期，在此期间，居民采暖费用的上限为当地平均值的两倍。

从政策宣传上，应把培养节能意识转变为承担节能成本。节能意识的宣传会使居民以为节能只需要养成关窗减少散热损失、调低室内采暖温度等节能意识，实际上开窗散热的根源不是居民没有节能意识，分户计量也更多地导致调高室温，使得宣传与实际脱节，反而起到不良的效果。节能最有效的办法是让用能价格反映用能成本，反映环境代价。减少开窗散热、根据室温调节恒温阀、给建筑加保温等，这些节能的行为依靠节能意识宣传不易得到好的效果。

6.2.2　供热价格体制改革的方向

2015年3月，国务院颁布了《关于进一步深化电力体制改革的若干意见》，提出深化电力体制改革的重点和路径是："在进一步完善政企分开、厂网分开、主辅分开的基础上，按照管住中央、放开两头的体制架构，有序放开输配以外的竞争性环节电价，有序向社会资本放开配售电业务，有序放开公益性和调节性以外的发用电计划；推进交易机构相对独立，规范运行；继续深化对区

❶　2015年初，国务院下发了《关于进一步深化电力体制改革的若干意见》，这是继2002年国务院下发《电力体制改革方案》之后，时隔13年重新开启的针对电力行业的新一轮改革。新电改强调"管住中间、放开两头"。2015年1月，深圳正式启动电改试点工作，工商业电价可能会下降，居民用电价格目前不变。这是因为工商业用电户比较集中，电压等级高，对于电网公司来说，电网线路的铺设、降压、传输成本都会较低；而居民用电分布分散，尤其是偏远农村，需要专门铺设电网线路，而且居民用电的电压等级最低，供电成本较高。

域电网建设和适合我国国情的输配体制研究；进一步强化政府监管，进一步强化电力统筹规划，进一步强化电力安全高效运行和可靠供应。"

"管住中间，放开两头"也是供热体制改革的重点和方向，原因是供热与供电的系统形式相似，都包括了能源的生产端（热电厂、热力厂）、输配网（城市热网，也称一次管网）、终端（小区内网，也称二次管网）调节与销售，其中城市热网由政府经营，即仍维持国企的垄断经营地位。传统经济学的解释是自然垄断（natural monopoly），张五常指出自然垄断的理论错误是固定成本的概念有误。在运营阶段，固定成本其实转为上头成本，而上头成本是收入减去直接成本再摊分到产量上，并没有随产量上升而不断下降的特点，自然垄断在现实中不存在。

世界各国的电网、水网、热网均由政府垄断经营，其原因不是自然垄断，而是为了解决地役权的问题。地役权是指利用城市内各个产权人的土地房产以便有效地使用或经营城市土地的权力。城市热网（城市电网和水网也是如此）的管道必须穿越千家万户和公共地块，并且不是一次性建成的，需要根据城市的发展逐渐延伸，与城市发展同步，在使用过程中需要不断地维护，因此城市热网的政府垄断经营需要一直持续。

例如，城市热网管道需要穿越某公园，该公园可能以各种理由拒绝开放地役权，禁止热网管道穿越。如果热网公司没有政府的强制力，由私人主导，不可能达成交易。热网管道只能绕过公园铺设，这无疑增加了建设成本。更麻烦的是维修，公园可能开放了地役权，允许热网管道通过其土地，但是热网在公园内出现渗漏需要维修，公园可以向热网公司收一个天价的入场费，而公园的做法并不违法（第二次世界大战后香港楼宇的租金管制，业主向租客收取天价的建筑费，租客起诉无一胜诉，因为法理上不支持）。现实中有这样的例子——广州某公园内水泥电线杆折断，露出了里面的钢筋，却仅用几条胶布固定，成为一大新闻。追溯原因，是公园向电信公司收取高额入场费，使其无法及时入场维修。2012年以前北京地铁3G信号除个别线路外，其余基本没有覆盖，究其原因还是入场费问题。❶以上例子都是具有强制力的政府主导的国有企业之间的地役权争议，私人企业取得地役权的困难是可想而知的。

❶ 经济之声《天下公司》栏目——《"最牛胶布"折射公共服务矛盾 被指大抠电信也无奈》，http://finance.cnr.cn/gs/201206/t2012 0615_509927195.shtml。

6.2.3 供热价格体制改革的路径

热力的生产端，例如热电厂、燃煤锅炉厂等，没有地役权的问题（在征地建设时有地役权问题，需要政府主导，但建造和运行阶段没有地役权问题，不需要政府介入），更不存在自然垄断，应与电力体制改革同步，鼓励多种形式的热源参与热的生产端的市场竞争。小区内网在建成后，即使需要维修或改造，也是在小区内部土地或房产中，同一个小区为了集体的共同利益，可以通过小区业主委员或物业公司的仲裁、协商加以解决，这与出让自己土地的地役权，来帮助另一个与之利益毫不相关的小区或楼栋供热不可相提并论。因此，小区内网的热力供应、调控与销售，应从政府主导的城市集中供热热网公司中独立出来，❶以多种形式（例如独立供热企业、合同能源管理公司、物业公司等），引入市场竞争机制，形成热力的消费端市价。

　　城市热网由政府垄断经营并定价。热网连接热的生产端与消费端，对两端都起到重要影响，因此政府可以通过定价方式来促进新型高效清洁热源（例如热电联产、天然气锅炉、工业余热、各种热泵等）的发展。目前，热源公司与热网公司是按热量来结算热价的，热量的计算公式为$Q=(T_{供水}-T_{回水})\times$循环流量×水的比热，热价为元/GJ。然而，进回水温差的算价方式不利于鼓励高效清洁热源的利用。各种新型高效清洁热源都对热网的回水温度非常敏感，降低回水温度是其高效运行的基础。降低回水温度需要热网公司提高换热能力、精细调节、采用吸收式或电动热泵，这都要投入设备、人力，甚至增加运行电耗。如果仍按供回水温差乘以流量的算价方式，热网公司不会从降低回水温度的措施与投入中得到任何回报，极大地限制了各种高效热源的开发利用和推广。为此，清华大学建筑节能研究中心的江亿院士提出，无论热网实际回水温度是多少，政府可以规定$T_{回水}$均按一个固定温度（具体温度由热网公司与热源厂协商制定，假定协商温度为40℃）计算。❷如此，会鼓励热网公司尽量降低回水温度，例如通过投入将实际回水温度降低到30℃，从而减少热网公司支付给热源公司的热费，使得热网公司的投入与回报挂钩。

　　一些信奉市场的经济学者可能认为政府固定热网回水温度是对定价机制的干预，是对自由市场的干扰。实际上，只要热的生产端从政府主导的热网公司经营中剥离出去，引入市场竞争，热网公司就有了降低回水温度的动力。因为降低回水温度，就相当于在热的生产端引入更多的市场竞争者（新型高效清洁热源），使得热力生产端的竞争加剧，降低生产端的热价。政府固定回水温度的定价方法，只是加速了这个竞争的过程。因此，固定回水温度是政府引导

❶ 城市热网自动化水平高，以技术性人才需求为主，要求"精而简"；小区内网是终端调控，以服务性人才需求为主，兼顾技术，涉及的事情繁杂，要求是"多而杂"——见清华大学建筑节能研究中心，《中国建筑节能年度发展研究报告2011》，第168页。

❷ 清华大学建筑节能研究中心，《中国建筑节能年度发展研究报告2015》，第250~253页。

市场竞争的创新性做法，符合市场经济的规律，与政府的面积热价管制完全不是一回事。我国的供热价格体制改革是在供热价格被严重干扰的情况下的渐进式改革，不是休克疗法，政府加以顺应市场规律的引导是必要的。真正的经济学者，不是市场至上主义，而是看市场和政府谁来做成本更低，带来的收益更大。

热网公司降低回水温度，一方面促进了热的生产端的节能技术应用，符合能量梯级利用的物理学原理，鼓励了新型高效清洁热源的应用；另一方面也会促进热的消费端的节能技术应用，例如小区内网的供热均匀调节、大流量小温差的运行方式、采用大换热能力的末端装置（例如地板辐射采暖等）。固定回水温度的定价方式，将对我国建筑节能和环境保护事业的发展起到极大的促进作用。

完成"管住中间，放开两头"的供热体制改革（图6-1），取消供热价格管制之后，原有的庞大的租值消散将不复存在。作为中间段，政府主导的热网公司采用固定回水温度的定价方式，会在热的生产端与消费端引入激烈的市场竞争，将会带来如下效果。

（1）在热的生产端，传统热源企业将因市场竞争而提高供热效率，新型高效清洁热源得到广泛应用，从而缓解了我国采暖能源严重不足的局面，冬季采暖所引起的环境问题将得到很大的改善，大幅降低传统供热能源的消耗。

（2）在热的消费端，在现有的条件下，分栋计量将得到广泛应用。分栋计量将使用户对过热现象更为敏感，为此应转变小区供热企业与住户的权利界定，将小区供热设备的产权界定给全体住户，由全体住户选出的业主委员会选择小区供热服务公司，该公司由全

图6-1 "管住中间，放开两头"的供热价格体制改革示意图

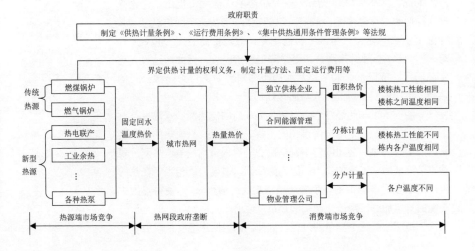

体住户雇佣并对之负责，代表全体住户的利益，从而促使小区供热服务公司减少楼栋内部和楼栋之间的供热不均，提高采暖质量。在市场竞争下，小区供热企业将有提高供热效率的经济动力，"冒白烟"等现象将不需要政府的监管而不复存在，大幅降低了热的消费端能耗。

（3）在热的中间段，城市热网自动化水平高，以技术性人才需求为主，要求精而简，便于政府加强监管，提高热网的输热效率。

当前的供热价格经过多年的管制，带来了严重的租值消散。在我国目前整体经济下行，地方财政大幅下降，供热补贴难以为继的情况下，借电力体制改革之机，启动供热价格体制改革，能够解决供热企业的发展困境，杜绝工商业与居住建筑、节能建筑与非节能建筑的交叉补贴，减少工商业的采暖成本，将新建节能建筑的政府全过程监管转变为行业自我监管和住户终端监管，有力地促进既有建筑节能改造。

6.3　节能设计标准与供热收费安排

6.3.1　供热收费安排影响节能设计标准

供热收费安排影响建筑节能设计标准的核心指标。德国的建筑节能设计标准的核心指标经历了围护结构传热系数、采暖耗热量、一次能源量三个阶段。其中与供热收费安排转变最为密切的是1994年颁布的第三版《建筑保温法规》，其核心指标由传热系数转变为采暖终端能耗，这是为了适应供热收费由面积热价转变为热量热价的要求。《供热计量条例》、《费用计算条例》等众多的法规，都是为了让用户的采暖费用与实际耗热量挂钩，用市场的手段促进建筑节能的发展。❶

供热收费安排也影响建筑节能设计标准的监管方式。德国是以性能性的终端采暖能耗指标作为建筑节能设计标准的核心，外墙传热系数可以根据体形系数进行调整，❷更有灵活性。一方面可以将建造过程与使用过程的节能标准监管统一起来——终端能耗既是用户监管开发商的有效指标，也是用户监管供热企业的有效指标；另一方面将新建建筑与既有建筑联系起来——可促进新建建筑节能标准的实施和既有建筑节能改造的融资、贷款等。政府的作用是制定节能设计标准，要求开发商向用户提供建筑能源证书，由用户监管开发商与供热企业，从而大幅降低建筑节能设计标准执行的监管费用。

我国的供热收费安排主要采用的是面积热价，用户关心的是

❶ "法国及其他几个欧洲国家，集中采暖也采取了根据用户实际用量来计算费用的规定，而另一些（特别是东欧）国家也制定了相应的法律规定。……1991年12月13日，在欧盟理事会的声明中确定须制定共同战略以限制二氧化碳排放及提高能源利用效率。根据这一战略，欧盟成员国须采取多项措施，其中就包括对采暖、空调和热水供应按实际用量进行结算计费。"——见[德]Joachim Wien主编，德国技术合作公司（GTZ）、德国米诺测量仪表有限公司，译，《德国供热计量手册》，第1～2页。

❷ 赵辉，杨秀，张声远，德国建筑节能标准的发展演变及其启示，《绿色建筑与生态城市》，2011年秋季刊，第42页。

室内采暖温度而不是建筑节能设计标准，建筑节能设计标准只能依靠政府的全过程监管。《民用建筑节能条例》、《建筑节能设计标准》、《建筑节能工程施工质量验收规范》等法律规范以及建筑节能专项审查等制度，是为了协助政府监管的实施。为了适应全过程监管，我国的建筑节能设计标准主要采用传热系数等技术性指标，规定得较为具体，便于监管。

我国的面积热价造成了以下几个问题：（1）新建建筑节能标准的实施只能依赖政府监管；（2）节能建筑与普通建筑收同样的面积热价，不利于节能建筑的市场定价，节能建筑成为"无价之宝"；（3）我国的既有建筑节能改造举步维艰，大规模的既有建筑节能改造不能仅靠政府补贴来完成。

6.3.2　建筑节能设计标准的转变

供热价格体制改革必然要求建筑节能设计标准与之适应，为此建筑节能设计标准将发生如下演变。

（1）建筑节能标准的核心指标由技术性的围护结构传热系数指标转为性能性的终端采暖耗热量指标。当前我国的建筑节能设计标准重视技术性指标，因为其便于监管。当供热收费与实际耗热量联系起来时，必然要求建筑节能设计标准采用性能性指标，从而便于体现建筑的实际采暖能耗量。

（2）建筑节能设计标准与建筑能效标识制度结合起来。为了便于用户得到建筑物的能耗信息，监督房屋建造时的节能质量与运行时的供热收费，必然要求开发商售房时和业主租房时提供建筑耗热量指标，从而有力推动建筑能效标识制度。

（3）新建建筑节能设计标准依靠市场力量逐步提高。新建建筑节能设计标准不再依靠政府的强制性监管，而是依靠行业自我监管和用户的终端监管。在我国能源供应紧缺、环境问题凸显的局限条件下，节能设计标准会逐步提高。

（4）既有建筑节能改造标准纳入建筑节能标准中。供热价格体制改革会有力推动既有建筑的节能改造，为此，建筑节能标准中须纳入既有建筑节能改造标准。既有建筑节能改造主要是围护结构的局部改造，例如外墙增加保温层、更换外窗等，因此其主要指标采用的是技术性指标。

供热价格体制改革是影响建筑节能设计标准演变的重要因素，决定了建筑节能发展的根本动力。供热价格体制改革承认"热"的商品属性，遵循市场规律，促使供热价格反映供热成本。

附录

❶ 附录A来自赵辉，杨秀，张声远，德国建筑节能标准的发展演变及其启示，《绿色建筑与生态城市》，2010年秋季刊，第40～44页。

附录A　德国建筑节能标准的发展演变及其启示❶

附A.1　德国建筑节能标准的发展演变

过去60年德国建筑节能标准的发展经历了四次变革，见附表A-1。

德国建筑节能法规与标准大事表　　附表A-1

时间	法规	节能标准
起步阶段		
1952年	第1版《高层建筑保温》	引入了三个保温等级，1960、1969年分别进行修订
1974年	《高层建筑保温》补充规定	将最低保温要求从I级提高到II级
1976年	第1版《建筑节能法》（EnEG1976）	新建建筑或既有建筑改造时须达到保温要求，通过制定配套法规具体规定建筑采暖能耗
第一次变革		
1977年	第1版《建筑保温法规》	规定外墙和窗的平均传热系数限值
1981年	修订《高层建筑保温》	最低保温要求提高到III级
1982年	第2版《建筑保温法规》	对围护结构K值提出更高要求
第二次变革		
1994年	第3版《建筑保温法规》	提出年采暖终端能耗限值，提高围护结构K值
第三次变革		
2002年	第2版《建筑节能法规》（EnEV2002）	提出一次能源量限值，考虑了终端能源获取、运输、转化过程的能量损失，并将建筑终端能耗扩大到采暖、热水、制冷、通风和辅助能源。年采暖终端能耗在1994年《建筑保温法规》的基础上降低30%
2005年	第2版《建筑节能法规》（EnEG2005）	加入了能源证书的内容

续表

时间	法规	节能标准
第四次变革		
2007年	第3版《建筑节能法规》（EnEV2007）	以参考建筑的年一次能源量作为公共建筑的限值；引入能源证书
2009年	第4版《建筑节能法规》（EnEV2009）	年采暖和生活热水制备的终端能耗再降低30%

　　德国早期的建筑节能标准是围护结构构件的热阻和传热系数。1952年第1版《高层建筑保温》DIN4108标准❶，针对外墙的热阻引入了Ⅰ、Ⅱ和Ⅲ三个保温等级，分别为0.39㎡·K/W、0.47㎡·K/W、0.55㎡·K/W，规定外墙热阻值不得小于Ⅰ级。这时期的标准通常是将当时常见的墙体厚度作为保温的最低要求，之后又于1960与1969年进行了少量的修订。

　　德国的建筑采暖用能以燃油为主，在1973年的石油危机中，国际石油价格短时期内提高了五倍，使得德国建筑用能的成本大幅提升，建筑节能深入人心。当时，建筑采暖用能占联邦德国终端能源消费量的比例最高，达到40%左右，其中燃油所占的比例又超过了50%。❷1974年德国提出了《高层建筑保温》的补充规定，将最低保温要求从Ⅰ级提高到Ⅱ级，并限定起居室及其附属房间窗户的传热系数不得大于3.5W/（㎡·K）。1981年，德国再次修订了《高层建筑保温》，将外墙热阻值在1974年的基础上再提高一个级别，达到0.55㎡·K/W。1976年，德国联邦政府颁布了《建筑节能法》（EnEG），规定了新建建筑或既有建筑改造时须达到保温要求，通过制定配套法规具体规定建筑采暖能耗。

　　1977年颁布的第1版《建筑保温法规》（WSchV），是《建筑节能法》的配套法规，是节能标准的第一次变革——首次引入平均传热系数指标，即新建建筑外墙（包括窗户和玻璃门）平均传热系数不得高于限值，该限值与体形系数有关，见附表A-2。1982年颁布的第2版《建筑保温法规》对围护结构传热系数提出更高要求，如窗户的K值不得高于3.1W/（㎡·K）。既有建筑改造时，规定外墙热阻为1.50㎡·K/W，对应的传热系数为0.6W/（㎡·K）。

❶ DIN（Deutsches Institut für Normung）是德国标准化学会，其作为全国性的非政府标准化机构，参加国际和区域的标准制定，成立于1917年，1951年参加国际准则化组织（ISO）。

❷ [德]Joachim Wien主编，德国技术合作公司（GTZ），德国米诺测量仪表有限公司，译，《德国供热计量手册》。

1977年《建筑保温法规》中新建建筑的节能标准　　附表A–2

节能标准	限值	计算方法
外墙和窗的平均传热系数（W/m²·K）	$K_{平均,\,max}=0.61+0.19/S$	$K_{平均}=\dfrac{(K_W \cdot F_W+K_F \cdot F_F)}{(F_W+F_F)}$

注：S是体形系数；F_W是接触室外空气的外墙面积、F_F是窗户和玻璃门面积。

1994年颁布的第3版《建筑保温法规》，是建筑节能标准的第二次变革——首次引入了采暖终端能耗指标，即新建建筑每平方米居住面积的年采暖终端能耗小于10L油。年采暖终端能耗的计算采用热增量和热损耗平衡法，其限值与建筑的体形系数线性相关，见附表A-3。

1994年《建筑保温法规》中新建建筑的节能标准　　附表A–3

节能标准	限值	计算方法
年采暖终端能耗[kW·h/(m²·a)]	$Q'_h=13.82+17.32 \cdot S$	$Q_h=0.9\,(Q_T+Q_L)-(Q_I+Q_S)$

注：S是体形系数；Q_T是散热损失、Q_L是通风损失、Q_I是室内热增量、Q_S是太阳辐射热增量，此四值的计算均有具体的规定。

另外，规定了某些建筑构件的传热系数，尤其是针对既有建筑改造，规定了外墙、外窗等围护结构构件的传热系数，例如外墙的传热系数不得大于0.40W/(m²·K)，窗户的传热系数不得大于1.80W/(m²·K)。既有建筑节能改造的措施基本一致，明确规定各自的限值，更有利于实际中的操作。重视既有建筑节能改造是德国建筑节能法规的重要特色，这是因为德国每年新建建筑量较少，既有建筑节能改造占较大比重。以围护结构构件的传热系数作为既有建筑改造的节能标准，一直延续到最新的《建筑节能法规》（EnEV2009）。

2002年实施的，取代了《建筑保温法规》（WSchV）和《供暖设备法规》（HeizAnIV）的《建筑节能法规》（EnEV2002），是建筑节能标准的第三次变革——将新建建筑围护结构和用能系统视为一个整体，用一次能源量作为主要指标，同时用围护结构单位面积散热损失作为次要指标。法规的目的，是要求新建建筑的年采暖终端能耗比1994年第3版《建筑保温法规》降低30%。一次能源量不仅包括建筑物的终端能耗，还包括电力和燃料等终端能源在开采、生产和运输过程中消耗的能量。其中，终端能耗不仅包括采暖终端能耗和生活热水制备终端能耗（1994年第3版《建筑保温法规》的采暖终端能耗不包括生活热水制备终端能耗），还包括制冷、通风和辅助能源等的终端能耗，见附图A-1。同时，以围护结构单位传热面积散热损失作为次要指标，两个指标必须同时满足，这是为了防止单独满足一次能源量指标，仅选用高能效的用能设备系统，而忽略围护结构保温。一次能源量和围护结构单位传热面积散热损失的限值和计算方法见附表A-4。

❶ K Hottges, A Maas, G Hauser著. 德国技术合作公司GTZ编译, *German Energy Conservation Regulation-Basics and Examples*. 德国建筑节能法律法规汇编[G/OL]. http://www.beechina.org/eeeb, P90。

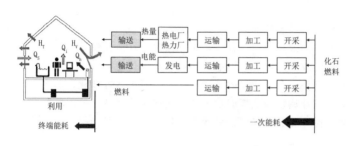

附图 A-1 终端能耗与一次能源量的概念示意❶

2002年《建筑节能法规》中新建建筑的节能标准　　　附表A-4

节能标准	限值		计算方法
年一次能源需求量 [kW·h/ (m²·a)]	电加热热水的住宅	$Q''_p=72.94+75.29S$	$Q_p=Q_{p,h}+Q_{p,m}+Q_{p,1}+Q_{p,aux}$
	其他住宅	$Q''_p=50.94+75.29S+2600/（100+A_N）$	
	公建	$Q'_p=9.9+24.1S$	$Q_p=Q_{p,h}+Q_{p,c}+Q_{p,m}+Q_{p,w}+Q_{p+1}+Q_{p,aux}$
围护结构单位面积散热损失[W/ (m²·K)]	窗墙比≤0.3	$H'_T=0.30+0.15/S$	$H_T=Q_H/A$
	窗墙比>0.3	$H'_T=0.35+0.24/S$	

注：S是体形系数；A_N是计算面积，等于0.32×采暖建筑物体积，与实际的建筑面积不一定相同。Q_p年一次能源需求量；$Q_{p,h}$用于采暖系统和室内通风设备供暖功能的年一次能源需求量；$Q_{p,c}$用于制冷系统和室内通风设备制冷功能的年一次能源需求量；$Q_{p,m}$用于蒸汽供应的年一次能源需求量；$Q_{p,w}$用于热水制备的年一次能源需求量；$Q_{p,1}$用于通风的年一次能源需求量；$Q_{p,aux}$用于辅助能源的一次能耗量。

❶《欧盟建筑物综合能效准则》规定——能源证书应注明现有的法定标准和能耗指标,以使消费者对建筑物的能效特性进行比较或评估,应注明建筑的CO₂排放量指标。

2004年对《建筑节能法规》(EnEV2002)进行了修订,其中并没有提高限值要求,而是对编辑和版式进行了修订。2005年颁布了重新修订的《建筑节能法规》(EnEG2005),其中的重要变化是为了落实欧洲(经济)共同体的法律文件,尤其是2002年的《欧盟建筑物综合能效准则》(第2002/91/EG号),加入了能效证书的要求。❶

2007年颁布的《建筑节能法规》(EnEV2007),建筑节能标准发生了两个根本性的变革——一是以参考建筑的年一次能源量作为公共建筑的限值;二是引入能源证书,将建筑节能设计标准和能效标识合二为一。居住建筑一次能源量限值虽没有根本性的改变,但是采用电加热生活热水住宅的一次能源量指标更为严格。公共建筑的节能标准发生了根本性变化,不再与体形系数挂钩,而是考虑到公共建筑在用能系统、使用状况等方面的巨大差异,采用参考建筑的年一次能源量指标作为限值,见附表A-5。

2007年《建筑节能法规》中新建建筑的节能标准　　　　附表A-5

	评价准则	限值		计算方法
居住建筑	年一次能源需求量 $[KW \cdot h/(m^2 \cdot a)]$	电加热热水的住宅	$Q''_p = 68.74 + 75.29S$	$Q_p = Q_{p,h} + Q_{p,m} + Q_{p,1} + Q_{p,aux}$
		其他住宅	$Q''_p = 50.94 + 75.29S + 2600/(100 + A_N)$	
	围护结构单位面积散热损失$[W/(m^2 \cdot k)]$	$H'_T = 0.30 + 0.15/S$		$H_T = Q_T/(F \cdot \triangle v)$
公共建筑	年一次能源需求量	$Q'_{p,参考} = Q'_{p,h} + Q'_{p,c} + Q'_{p,m} + Q'_{p,w} + Q'_{p,1} + Q'_{p,aux}$		$Q_p = Q_{p,h} + Q_{p,c} + Q_{p,m} + Q_{p,w} + Q_{p,1} + Q_{p,aux}$

评价准则		限值	计算方法
公共建筑	围护结构单位面积散热损失[w/（m²·k）]	采暖温度≥19℃且窗墙比≤0.3　　0.3+0.15/S	$H_T=(H_{T,D}+$ $F_x \cdot H_{T,iu}+$ $F_x \cdot H_{T,s})/A$
		采暖温度≥19℃且窗墙比>0.3　　0.35+0.24/S	
		12℃<采暖温度≤19℃　　0.70+0.13/S	

注：S是体形系数；A_N是计算面积，A_N=0.32×采暖建筑物体积。

$Q'_{p,h}$、$Q'_{p,c}$、$Q'_{p,m}$、$Q'_{p,w}$、$Q'_{p,l}$、$Q'_{p,aux}$分别是DIN-V-18599-1：2005-07规定的用于采暖系统和室内通风设备供暖功能的年一次能源需求量、用于制冷系统和室内通风设备制冷功能的年一次能源需求量、用于蒸汽供应的年一次能源需求量、用于热水制备的年一次能源需求量、用于通风的年一次能源需求量、用于辅助能源的一次能耗量。

$H_{T,D}$、$H_{T,iu}$、$H_{T,s}$分别是DIN-V-18599-2：2005-07规定的在采暖和／或制冷建筑功能区和室外之间、和未采暖功能区之间、和土壤之间的传热系数；Fx是温度修正系数。

《建筑节能法规》（EnEV2007）中首次规定修建、出售和出租建筑物及住宅时，都必须出示能源证书。原则上讲，能效标识与建筑节能标准的评价方法应该一致。具体来看，限值是法定的必须达到的最低的建筑节能标准，计算值或实测值表示实际的建筑物能效水平。德国的建筑物能源证书规定，既需要标注法定的最低标准（限值），也需要标注能效指标（计算值或实测值），反映了建筑节能标准与建筑能效标识的内在一致性。

2009年实施的最新版《建筑节能法规》（EnEV2009）在评价方法上并没有根本性的改变，只是限值进一步得到提高，旨在将建筑物的采暖和热水制备终端能耗进一步降低30%左右。新建建筑所允许的年一次能源量平均降低30%，围护结构保温隔热性能平均提高15%；既有建筑围护结构改造的相关构件保温隔热性能提高30%（包括外立面、窗户、屋面等），或者按新建建筑节能水平的1.4倍进行改造，同时涉及对一次能源量的要求。

根据能源、气候一体化计划，2012年建筑节能标准还将进一步提高，最大幅度可达30%。为此，德国提出了被动式房屋节能

❶ 作者翻译自http://www.ezet-energie.de/index.php?page=energieberatung-ib-ezet。

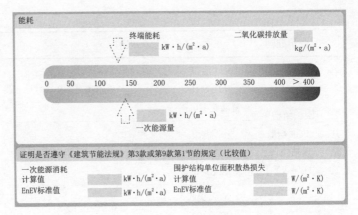

附图A-2 德国能源证书中的能效指标项❶

标准，其关键指标包括采暖终端能耗小于等于15kW·h/（m²·a），热负荷小于10W/m²，气密性小于等于0.6次/h，一次能源量小于等于120kW·h/（m²·a）。

附录A.2　德国建筑节能标准的制定思想

纵观德国建筑节能的标准的发展，有如下几个特点。

（1）建筑节能标准始终围绕建筑物终端能耗，与用户的实际能耗账单挂钩。早在1973年石油危机以前，德国的供热收费就按照"分栋计量、按户面积分摊"的方式，用户的能源账单与整栋建筑物的实际热耗和每户的建筑面积挂钩。1981年颁布《供热计量条例》经过了两次修订，《供热计量条例》以及相应的配套法规包括《新建建筑租赁条例》（NMV）、《费用计算条例》（BV）、《运行费用条例》（BetrkVO）、《德国集中供热通用条件管理条例》等，德国的供热收费逐步从"分栋计量、按户面积分摊"转变为"分栋计量、按户面积和用热量分摊"的方式，用户的能源账单与整栋建筑物的实际热耗和每户的建筑面积、用热量挂钩。由此可见，建筑物的实际热耗与用户的能源费用直接相关。同时，德国的供热费用不仅涉及自住用户，也涉及租户，甚至详细到采暖期承租人更换时，相关的采暖费和热水费用的分摊与计算都有详细的规定。

相比规定围护结构传热系数，采暖能耗需要更多的规定，计算也更复杂。但是，用户关心的是实际的能耗量，而不是外墙保温的传热系数或厚度。将建筑节能标准与实际能耗量挂钩，既降低了用户在交易和租赁时获取建筑物能效性能的信息费用，又让用户成为实际能耗的监管者，是以市场手段促进建筑节能标准执行的好办法。相比于设计阶段增加的采暖能耗的计算成本，节省的信息费用和监管费用要大得多。

（2）居住建筑节能标准始终与建筑物体形系数相关。纵观德国居住建筑节能标准的发展，经历了围护结构的平均传热系数—采暖能耗—一次能源需求量的转变，其限值均与体形系数有关。根据体形系数确定居住建筑的年一次能源需求量和围护结构单位传热面积散热损失的限值。年一次能源需求量、围护结构单位面积散热损失与体形系数的关系见附图A-3、附图A-4。从设计角度来看，体形系数增加，年一次能源需求量增加，围护结构的单位传热面积散热损失的要求却更严，这种评价方法促使德国建筑师尽量降低建筑物的体形系数。

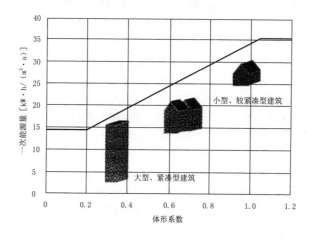

附图A-3　一次能源量限值与体形系数的关系［作者翻译自：Hottges K, Maas A, Hauser G. 著，德国技术合作公司GTZ 编译，*German Energy Conservation Regulation – basics and examples*（《德国建筑节能法律法规汇编》），第91 页］

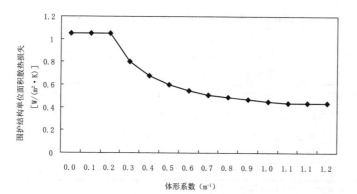

附图A-4　围护结构单位面积散热损失与体形系数的关系［作者翻译自：Hottges K, Maas A, Hauser G. 著，德国技术合作公司GTZ 编译，*German Energy Conservation Regulation – basics and examples*（《德国建筑节能法律法规汇编》），http://www.beechina.org/eeeb：第91 页］

另一方面，建筑节能标准承认体形系数对一次能源量的影响，但对这种影响加以限制，而不是要求不同体形系数的建筑物达到同样的一次能源量，这有利于处理同类型建筑不同体形系数的情况。例如对单元式多户住宅的平面布局来说，卫生间的自然采光和通风要求，可以通过拉长面宽、减少进深来解决，体形系数虽然较小，但会增加用地面积；也可以通过减少面宽、增加进深的平面错落布局来解决，虽然对于较高的体形系数，放宽了能耗要求，但也节省了土地，是体形系数与用地面积的综合权衡。但是，这种评价方法客观上导致了不同类型建筑的能耗差异，从某种程度来讲，默许了别墅等独户住宅一次能源需求量较高的倾向。相比多户住宅，别墅的体形系数更高。一般来讲，别墅的能耗限值要求应该更高，而不是更低，这不仅是节能上的要求，更是经济上的要求，高级别的住宅质量更高是普遍的经济规律。

（3）建筑节能标准的限值越来越严格。随着法规的更新，新建建筑的采暖能耗指标和既有建筑的围护结构构件传热系数指标逐步提高，见附表A-6，并且建筑节能法规颁布的时间与建筑能源价格变动直接相关。如附图A-5所示，1977~2000年，燃油价格经历了两次大的持续上涨时期，1977~1982年和1988~1991年。采暖能耗指标也经历了两次降低，1982和1994年。考虑到节能标准是对市场的燃油价格增加的反映，有一定的滞后性，那么建筑节能标准的严格程度与能源价格变动的关系则一目了然。显然，1984~1988年，燃油价格的持续下滑，是1982~1994年围护结构传热系数和采暖能耗指标长达12年没有变动的主要原因之一。进入2002年以后，国际石油价格飞涨，一度达到每桶147美元，这是德国以及其他建筑采暖用能以燃油为主的西方发达国家，加速提高建筑节能标准的主要原因之一。

❶ 数据来源：德国技术合作公司GTZ编译，《德国建筑节能法律法规汇编》，http://www.beechina.org/eeeb中《建筑保温法规1977、1982、1994》和《建筑节能法规2002、2009》。

德国各阶段建筑节能法规中围护结构传热系数和
采暖终端能耗的限值❶［W/（m²·k）］   附表A-6

节能法规		《建筑保温法规》第1版	《建筑保温法规》第2版	《建筑保温法规》第3版	EnEV2002	EnEV2009
颁布年代		1977年	1982年	1994年	2002年	2009年
围护结构传热系数 W/（m²·K）	外墙	—	0.60	0.40	0.45	0.28
	外窗	3.50	3.10	1.80	1.70	1.30
	屋顶	0.45	0.30	0.30	0.25	0.20
采暖终端能耗[kW·h/（m²·a）]		200	150	100	70	45

注：带下划线的数值为既有建筑节能改造时传热系数的限值。

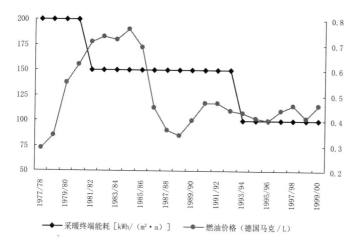

图例：
—◆— 采暖终端能耗 [kWh/ (㎡·a)]　　—●— 燃油价格（德国马克/L）

附图 A-5 德国燃油价格和采暖终端能耗指标的发展趋势（燃油价格数据来源：（德）Joachim Wien，主编，德国技术合作公司（GTZ），德国米诺测量仪表有限公司，译，《德国供热计量手册》）

（4）根据参考建筑物确定公共建筑一次能源需求量限值，并且体形系数越大，围护结构单位面积散热损失越小，同时对窗墙比较高和采暖温度较低的建筑物，适当放宽传热系数。

公共建筑与居住建筑的能耗特征有很大区别，德国在《建筑节能法规》（EnEV2007）中摒弃了以体形系数确定公共建筑一次能源需求量的办法，同时放宽对围护结构保温性能的规定，这表明法规制定者意识到，公共建筑的体形系数和围护结构对建筑能耗的影响不像居住建筑那么大。相对居住建筑，公共建筑内部设备和人员产热、空气调节需求与参数等与实际使用状况密切相关的因素影响更大，且不同类型的公共建筑的使用要求和状况有很大区别，为此，规定设计参数的同类型参考建筑能耗，更为合理，这也是我国《公共建筑节能设计标准》所采用的评价方法。

（5）建筑节能标准与用户的二氧化碳排放联系起来。1991年欧盟理事会的《马斯特里赫特条约》，提出限制二氧化碳排放及提高能效的战略，其中就包括对采暖、空调、热水应按实际用量进行结算。2002年《欧盟建筑物综合能效准则》所要求的建筑能源证书，使得节能减排不仅是宣传和口号，而是用户看得到的能源证书上标明的二氧化碳排放量。

附A.3　中、德建筑节能设计标准与供热收费的监管对比

德国的建筑节能设计标准的核心指标经历了围护结构传热系数—采暖耗热量——一次能源量三个阶段，供热收费安排经历了按面积收费—分栋计量—分户计量三个阶段。其中，在1994年颁布

了第3版《建筑保温法规》，核心指标由传热系数转变为采暖终端能耗，与供热收费由面积热价向热量热价的转变密切相关。

德国的建筑节能设计标准，是用以采暖耗热量为核心的用户终端监管代替了政府全过程监管。以终端能耗作为建筑节能的评价准则，一方面可以将建造过程与使用过程的节能标准监管统一起来——终端能耗既是用户监管开发商的有效指标，也是监管供热机构的有效指标；另一方面将新建建筑与既有建筑联系起来——可促进新建建筑节能标准的实施和既有建筑节能改造的融资、贷款等。政府的作用只是制定节能设计标准，大幅降低了建筑节能的监管费用（附图A-6）。

我国的建筑节能设计标准，是政府以围护结构传热系数为核心，对设计、施工、验收的全过程监管。用户不关心围护结构传热系数，只关心采暖温度，不能调动用户节能的积极性。这带来了以下几个问题：（1）新建建筑节能标准的实施只能依赖政府监管；（2）我国的既有建筑节能改造举步维艰，大规模的既有建筑节能改造是不能仅通过政府监管或补贴来完成的（附图A-7）。

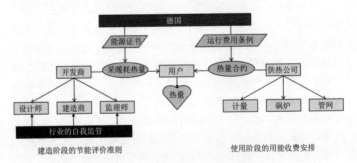

附图A-6 德国建筑节能设计标准的行业自我监管

建造阶段的节能评价准则   使用阶段的用能收费安排

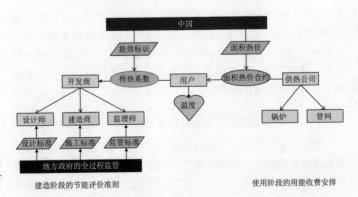

附图A-7 中国建筑节能设计标准的政府全过程监管

建造阶段的节能评价准则   使用阶段的用能收费安排

附A.4   对我国建筑节能设计标准的启示

从上述的分析可见，德国的建筑节能标准的核心建筑物的终端能耗，这是因为——终端能耗与用户的实际能耗费用相联系。上文提到的《供热计量条例》、《费用计算条例》等众多法规，都是为了让用户的能源费用与实际能耗量挂钩，用市场的手段促进建筑节能的发展。更为关键的是，以终端能耗量度建筑物的节能性能或质量，节能建筑市场定价的信息费用则较低。建筑物终端能耗指标与汽车百公里油耗指标类似，用户以此信息对建筑的能效性能出价，形成节能建筑的市场价格，终端能耗指标是衡量建筑物市场价值的关键因素，是以市场促进节能建筑发展的基础。德国能源证书的能效指标标注，终端能耗在上，一次能源量在下，终端能耗指标更醒目。

我国的建筑节能标准是以政府监管代替了用户监管。标准的核心是围护结构传热系数和用能系统设备效率，标准的制定思想是便于对建筑设计、施工、验收过程和设备选型、安装的监管。《民用建筑节能条例》、《建筑节能设计标准》、《建筑节能工程施工质量验收规范》等法律规范以及建筑节能专项审查等制度，是为了协助政府监管的实施，其制定思想是为了降低监管成本。

德国围护结构单位面积散热损失的限值是综合性指标，体型系数、窗墙比、单个构件传热系数等皆可变，其适应性更强、灵活性更高，也更不易监管，但终端能耗指标，使得用户的终端监管代替了政府的过程监管；我国则是规定了具体的窗墙比、体形系数和构件的传热系数，标准更具体的好处是利于设计、施工、验收过程的监管，缺点是缺乏灵活性，不利于建筑师与暖通工程师在设计阶段的沟通。相比于德国用户的终端监管，我国政府的设计、施工、验收的过程监管费用要大得多。

我国建筑节能标准无法采用用户监管的最重要原因在于供热收费制度。虽然我国1995年颁布的《采暖地区居住建筑节能设计标准》规定，新建建筑应按楼栋计量实际热量，按面积分摊实际热费。但实际上，现阶段我国大部分的居住建筑是由地方政府制定固定的平方米热价，居民按面积缴费，热费与楼栋或用户实际能耗无关。用户关心的是采暖期的室内温度，对采暖实际能耗漠不关心，新建建筑节能标准的实施就只能靠政府的监管。

用户不关心实际采暖能耗，节能建筑成为"无价之宝"，打着节能建筑的旗号进行宣传，卖点却是恒温恒湿，而不是节了多少能，省了多少钱，这不能不说是我国建筑节能与供热收费制度的最大悲哀。

按面积缴纳固定热费的供热收费制度的最大问题是无法通过市场促进既有建筑的节能改造。政府监管可以促进新建建筑的节能标准的实施，这主要是因为建筑节能的增量成本可以在房产交易中一次性转嫁给消费者——买房子就要承担建筑节能成本。但是由于各地区房价不同，较为固定的建筑节能成本占总房价的比例有别，影响了各地区节能标准的执行率。建筑节能成本占总房价的比例越小，节能标准的执行率越高，在北京、天津等城市，相比房价的增幅，建筑节能的成本微不足道。在一些经济欠发达的城市，房价较低，建筑节能成本占总房价的比例较大，建筑节能标准的执行率就会较低。

但是，既有建筑的节能改造是不能通过政府监管来进行的。我国如此巨大规模的既有建筑的节能改造，不能完全依靠政府的投入来完成，必须要依靠用户和市场的力量。按面积缴纳固定热费，用户缺乏节能改造的动力。德国的既有建筑节能改造与用户的利益息息相关，节能的融资和贷款可以依照能源证书的终端能耗来进行。

德国建筑节能标准的发展演变是为了适应建筑用能价格变化、供热收费制度的变革，促进节能建筑的市场交易。建筑能源价格的波动周期与节能标准的提高紧密相连，建筑供热收费从按面积分摊楼栋实际热耗到分户计量的发展，促使德国以终端能耗作为建筑节能的评价准则。《欧盟建筑物综合能效准则》最终使得终端能耗向一次能源量转变，将建筑节能与减排联系起来。

以终端能耗作为建筑节能的评价准则，是以用户为监管核心的，一方面可以将建造过程与使用过程中节能标准的实施联系起来——终端能耗是用户监管开发商节能质量的有效指标，是用户监管能源供应商能源服务的有效指标；另一方面可以将新建建筑与既有建筑联系起来——用能源证书中标注的终端能耗促进新建建筑节能标准的实施和既有建筑节能改造的融资、贷款等。

我国建筑节能标准运行机制的最大问题是建造过程与使用过程脱节、新建筑与既有建筑脱节，用户不关心终端能耗，问题的核心是我国目前供热收费制度不能调动用户节能的积极性，造成了以下几个问题：（1）新建建筑节能标准的实施只能依赖政府监管，相应的法律法规是为了降低监管费用；（2）现有的建筑节能标准不是建筑物终端能耗的清晰量度，不利于节能建筑的市场定价：（3）我国的既有建筑节能改造举步维艰，大规模的既有建筑节能改造是不能通过政府监管或补贴来进行的。以终端能耗为建筑节能标准的核心，将促进新建节能建筑的市场交易，同时为既有建筑节能改造的融资与贷款等政策提供直接依据。

随着我国建筑能源供需矛盾的加大，将促使建筑用能，尤其是供热收费制度发生转变。德国的经验表明，"分栋计量"是"分户计量"的基础和前提条件，❶将用户的采暖费用与建筑物的实际能耗联系起来，会促使我国建筑节能标准向终端能耗转变。另一方面，建筑节能标准向终端能耗指标转变，用户获取了终端能耗信息，现有的部分建筑物节能标准，按面积收固定热费将不易维持，从而促使供热收费制度的改革。

❶　德国的"分户计量"实际是按楼计量热量并算出热费，然后把热费按比例分为两个部分，一部分按用户面积占总面积的比例分摊给用户，一部分按用户用热量占总热量的比例分摊给用户，准确地说是"分栋计量，按户面积与用热量分摊"，因此所谓的"分户计量"，其基础是"分栋计量"。

参考文献

[1] 张五常. 经济解释[M]神州增订版. 卷一：科学说需求. 北京：中信出版社，2010.

[2] 张五常. 经济解释[M]神州增订版. 卷二：收入与成本：供应的行为（上篇）. 北京：中信出版社，2011.

[3] 张五常. 经济解释[M]神州增订版. 卷三：售价与觅价：供应的行为（下篇）. 北京：中信出版社，2012.

[4] 张五常. 经济解释[M]神州增订版. 卷四：制度的选择. 北京：中信出版社，2014.

[5] 清华大学建筑节能研究中心. 中国建筑节能年度发展研究报告2011[M].北京：中国建筑工业出版社，2011.

[6] 清华大学建筑节能研究中心. 中国建筑节能年度发展研究报告2012[M].北京：中国建筑工业出版社，2012.

[7] 清华大学建筑节能研究中心. 中国建筑节能年度发展研究报告2013[M].北京：中国建筑工业出版社，2013.

[8] 清华大学建筑节能研究中心. 中国建筑节能年度发展研究报告2014[M].北京：中国建筑工业出版社，2014.

[9] 清华大学建筑节能研究中心. 中国建筑节能年度发展研究报告2015[M].北京：中国建筑工业出版社，2015.

[10] Wien J. 德国供热计量手册[M]. 德国技术合作公司（GTZ），德国米诺测量仪表有限公司，译. 北京：中国建筑工业出版社，2009.

后　记

我的专业是建筑学，本科和硕士的研究方向是建筑设计理论，博士的研究方向是建筑节能设计，逐渐开始关注建筑节能标准、政策等问题，博士论文的选题是《建筑节能制度的经济分析》。当时，翻遍图书馆里的经济学著作却收获不大，好多制度经济学的书籍都是制度的分类与描述，缺少理论分析，同时也看了环境经济学、生态经济学、福利经济学等内容，但总觉得无所适从，直到偶然间发现张五常教授的《经济解释》，如获至宝。大概有三四年的时间，天天翻看，爱不释手，重读又重读，仍觉不够，乃至把教授所有的文章均看了个遍。

博士后时身边的师友都是建筑技术专业，随着与他们的交流，我对节能技术的了解也越来越深入。博士后的研究方向是建筑节能政策与能耗状况调查，师友们的共识是建筑节能远不止设计和技术问题，而涉及人的行为模式、能源价格、环境污染、供热收费体制等经济学方面的问题。

随着知识的增长，越来越领会到经济学理论的强大解释能力。张五常教授的《经济解释》似浅实深，初读时收获很大，细想却不能融会贯通。现在又过了六七年，理论的掌握应该有了进步，对实际状况也有了更深入的认识，因此本书对当年的博士论文作出了较大的修改。

除了张五常教授，还要感谢那些追随并传播教授理论的人，尤其是李俊慧老师在贴吧上不断地示范经济解释的威力，令我受益良多，虽然在书中没有直接引用李俊慧老师的文章，但书中一些例子确实受李俊慧老师的启发。

感谢博士后指导老师——清华大学建筑节能研究中心的江亿教授。江老师最令人钦佩的地方有三点：一是重视能耗数据的实际调查；二是复杂的问题有简单的答案；三是有经济学的直觉。第1章以钢煤价格比解释建筑节能原因的想法来自江亿老师，如此阐释建筑节能远比生态环保等价值观令人信服。

感谢博士导师——清华大学建筑学院的袁镔教授，袁老师是国内绿色建筑设计方面的专家，对建筑节能研究的热点问题非常敏锐，鼓励我深入到制度研究的方向，这已经是十多年前的事了。袁老师在我博士论文的写作过程中不断鼓励、精心指导、亲切关怀，才使我得以完成博士论文，那是本书的基础。

　　还要感谢博士后期间一起工作的魏庆芃、杨秀、张声远、萧贺等师友，是大家共同的对建筑节能事业的追求鼓励我不断前行。

　　最后感谢北京林业大学园林学院提供了博士论文出版基金，使本书得以出版。